facebook粉絲專頁 行銷加油讚

關於文淵閣工作室

常常聽到很多讀者跟我們說：我就是看你們的書學會用電腦的。是的！這就是我們寫書的出發點和原動力，想讓每個讀者都能看我們的書跟上軟體的腳步，讓軟體不只是軟體，而是提昇個人效率的工具。

文淵閣工作室創立於 1987 年，第一本電腦叢書「快快樂樂學電腦」於該年底問世。工作室的創會成員鄧文淵、李淑玲均為苦學出身，在學習電腦的過程中，就像每個剛開始接觸電腦的你一樣碰到了很多問題，因此決定整合自身的編輯、教學經驗及新生代的高手群，陸續推出「快快樂樂全系列」電腦叢書，冀望以輕鬆、深入淺出的筆觸、詳細的圖說，解決電腦學習者的徬徨無助，並搭配相關網站服務讀者。

隨著時代的進步與讀者的需求，文淵閣工作室在邁向第三個十年之際，除了原有的 Office、多媒體網頁設計系列，更將著作範圍延伸至各類程式設計、攝影、影像編修與創意書籍，持續堅持的寫作品質更深受許多學校老師的支持，選定為授課教學書籍，讓我們的書能幫助更多的學生在踏入社會前即能學得一技之長。

如果您在閱讀本書時有任何的問題或是許多的心得要與所有人一起討論共享，歡迎光臨我們的公司網站，或者使用電子郵件與我們聯絡。

官方網站 http://www.e-happy.com.tw
服務信箱 e-happy@e-happy.com.tw
Facebook 粉絲團 http://www.facebook.com/ehappytw

總監製 / 鄧文淵
監　　督 / 李淑玲
行銷企劃 / David・Cynthia
責任編輯 / 黃信愷
編　　輯 / 黃信溢・黃信愷
版型設計 / Cathy・David

前言

記得從 2013 年暑假的第一版開始，就充分感受到 Facebook 時常更新介面與改變功能的開發熱忱，因此每次出版幾個月後就會陸續接到不少讀者們的反應，提到書上的操作畫面已經不同，或是設定步驟出現差異，所以今年再度推出全新第五版，希望能把目前最嶄新、最正確的 Facebook 粉絲專頁功能，轉化成步步到位的 SOP，讓眾家小編們面對疑難雜症時可以氣定神閒地按圖索驥，不再擔心會出現黑人問號了！

現在經營 Facebook 粉絲專頁，儼然已經變成一種新全民運動，舉凡：創業開店、學校招生、開班授課、揪團辦活動、集會結社、選舉造勢、明星宣傳、曬娃萌照、宮廟進香、秘辛爆卦、網紅直播…幾乎都可以透過 Facebook 粉絲專頁來吸引關注、狂接地氣，圈粉更多的社群受眾。

雖然目前的社群平台與通訊軟體眾多，不過 Facebook 粉絲專頁仍是位居自媒體的龍頭，主要的原因很多：其一是「會員眾多」，目前擁有的活躍人數，已經超過全世界第一大國；其二是「免費服務」，除了少數廣告須收費，其他所有服務都幾乎免費；再者是「不斷創新」，現在功能已經是包羅萬象、應有盡有，卻仍未止步，近期還導入限時動態、連結社團與客服聊天機器人，並積極開發虛擬實境應用與進軍虛擬貨幣市場。

Facebook 粉絲專頁的經營並非一蹴可及，成立之後才是試煉的開始。每天不僅要燒腦發文，設計活動還要引起粉絲興趣才會來按讚、打卡、分享與追蹤，而面對粉友們全時段無差別的晶晶體攻勢、火星文連發或補刀開酸還要保持寧靜致遠的高情商(或改成：高 EQ)，並需要常常忍受萬人按讚、一人到場的殘酷現實，所以小編們的養成真的是比悲傷更悲傷的故事！

本書維持 Q&A 的問答方式，對於 Facebook 粉絲專頁的基礎建置、管理設定、社群外掛、開設商店、社團加入、好用工具、廣告購買、經營心法…等，完全從專頁經營者的視角出發，不藏私地透過大量的實務經驗傾囊傳授，希望曾讓我們遭遇過的難題不會再困擾讀者們，減少重蹈覆轍的時光浪擲，讓水逆一夕退散，邁向神展開的按讚人生。

本書是以出版當時最新的畫面與功能進行說明，如果您在閱讀時發現了些許不同，根據以往經驗，這些相關選項應該都仍存在，只是位置有了改變，再麻煩費心尋找對應看看。我們也會在自家的粉絲專頁、公司網站與部落格發佈相關說明，歡迎大家多多互動、踴躍交流！

官方網站：http://www.dearken.com　**服務信箱**：service@dearken.com
粉絲專頁：迪兒肯的電子商務艙 https://www.facebook.com/dearken.tw/

黃信愷
文淵閣工作室

chapter 1 我是小編我驕傲：社群在走，粉絲專頁要有！

chapter 2 拒絕粉專變粉磚：認識粉絲專頁的管理

chapter 3 霸氣開「讚」：讓粉絲專頁加開社交外掛

chapter 4 開店免託夢：整個粉絲專頁都是我的網路商店

chapter 5 同溫層行銷：一枝穿雲箭，拉進社團來相見

chapter 6 母湯喔！當小編只會複製貼上？粉絲專頁萬用百寶箱

chapter 7 自助式廣告投放:好感度 UP 速效圈粉行銷術

chapter 8 即刻撩粉:經營粉絲專頁的不敗心法

我是小編我驕傲
社群在走，粉絲專頁要有！

QUESTION 001

什麼是 Facebook 粉絲專頁？

Facebook 自掛牌上市後經歷許多挑戰與起伏，之前還因為劍橋分析公司洩漏個資案 (Cambridge Analytica) 被美國聯邦貿易委員會 (FTC) 重罰 50 億美元，卻仍於 2019 年第二季達到營收 169 億美元，財報公布當日股價更是大漲 4%。

Facebook 前進的腳步與野心從未停滯，並且透過收購與合作的方式跨足更多的領域，讓企業更加壯大，例如：線上圖片及視訊分享的社群網站 Instagram、即時通訊軟體的巨擘 WhatsApp、3D 虛擬實境裝置商 Oculus VR、無人飛行載具公司 Ascenta、電腦視覺與擴增實境專家 Pebbles... 等重量級公司，將 Facebook 的影響力延伸到更多不同的領域。

▲在 2019 年度 F8 開發者大會中，強調個人隱私的重要，以及擴增實境的新時代到來。

Facebook 近年來除了不斷更新自家社群網站與 App 功能，整合不同服務改善使用者經驗，更進一步投入社會公益，如發起 Internet.org 支援全球上網計劃，重新詮釋科技新創企業在世界上的形象，目前還預計推行新的加密貨幣 Libra 與電子錢包 Calibra。

▲ Facebook 鼓勵創新與努力不懈的文化，也不斷開發新的技術與應用。

Facebook 是目前社群網站的龍頭，截止 2019 年初，全球會員數已破 25 億，儼然成為世界第一大國，而且每日的活躍會員約有 15 億、每月的活躍會員約有 23 億，其中超過八成五是透過行動裝置登入的會員。另外，如果把旗下著名的服務加入統計，全球至少使用 Facebook、Instagram、WhatsApp 其一的每日活躍用戶高達 21 億人、每月活躍用戶則為 27 億人。

再看看 Facebook 官方所發佈關於台灣用戶的統計，國內註冊會員已經超過 1,900 萬，換算下來已超過全台灣八成人口。

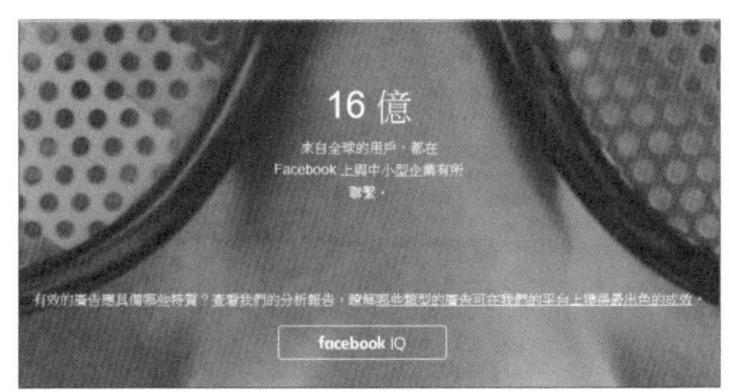

▲ 在 Facebook 不僅是社群龍頭，更是企業廣告的寵兒，原因都是活躍會員眾多所帶來的驚人曝光度！

Facebook 網路黏度強，使用者可以透過網路，經由電腦、平板電腦、智慧型手機等管道將所有會員聯繫在一起。藉由社群的力量，無論是個人、社團，甚至是公司行號都能在 Facebook 上進行聯繫與交流。對於公司與企業來說，相較於個人動態時報與社團，Facebook 粉絲專頁更能協助公司、組織與品牌分享動態，與用戶連結。隨著 Facebook 的流行，粉絲專頁已經成為行銷時不能忽略的一環。

Facebook 粉絲專頁透過定期張貼內容吸引及新增觀眾，有按讚的粉絲都會在他們的動態消息中收到訊息。Facebook 粉絲專頁更可以舉辦活動與應用程式 ... 等功能來增進粉絲們的向心力。

Facebook Pages Stats

		Total Fans
1	Cristiano Ronaldo PORTUGAL	122 197 411
2	Real Madrid C.F. SPAIN	110 314 704
3	FC Barcelona SPAIN	103 135 430
4	Shakira COLOMBIA	100 747 534
5	Vin Diesel UNITED STATES	97 518 793

Facebook Pages Stats in Taiwan

		Total Fans
1	東森新聞 TAIWAN	4 692 299
2	ETtoday新聞雲 TAIWAN	4 524 701
3	Yahoo!奇摩新聞 TAIWAN	3 943 491
4	五月天 阿信 TAIWAN	3 813 870
5	周杰倫 Jay Chou TAIWAN	3 787 392

▲ 目前全球最高人氣與台灣最高人氣的 Facebook 粉絲專頁前五名 (www.socialbakers.com)

QUESTION 002

個人檔案、社團和粉絲專頁之間有何不同？

Facebook 提供申請服務的三大類型：**個人檔案** 針對個人，好友人數上限為 5000 人；**社團** 針對團體，屬性傾向於特定用戶的經營，如相同興趣或是主題的社群經營，可針對社團性質設定其隱私權；**粉絲專頁** 主要針對商業化經營的企業體或公司，也可以是個人，粉絲人數無限制，屬性較為對外並且開放。

功能差異進行比較如下：

主要功能	社團	粉絲專頁
廣告購買	不允許	允許
查看洞察報告	允許	允許
群組聊天室或訊息	成員可看到及加入聊天群組	只能接收訊息不能主動發送
設置應用程式	允許	允許
動態消息檢視貼文	成員可在自己動態消息檢視社團貼文	成員可在自己動態消息檢視粉絲專頁貼文
自訂網址	允許	允許
發起活動、討論區貼文、張貼照片和影片	允許	允許
多位管理員及版主	允許	允許
使用者控制項	提供更多的許可權控制	基本上不設定，但可設定可使用的國家及年齡
公共可造訪性、資訊開放性與會員加入的申請限制分析	**開放類型**：所有資訊皆為公開，允許任何人加入社團。 **審核類型**：任何人皆可申請加入，須先通過管理者審核才能閱讀社團資訊。 **隱藏類型**：不能被搜尋且須社團管理者主動邀請。	訊息完全公開、允許任何人加入、並支援搜尋引擎查詢

QUESTION 003

申請 Facebook 帳號

在建立粉絲專頁前，您必須先擁有 Facebook 的帳號。要加入 Facebook 很簡單，只要擁有一個 E-mail 帳號就可以申請，完全是免費註冊的，輸入一些基本的資料即可完成註冊動作。以下將簡單說明 Facebook 帳號的申請方式：

01 請開啟瀏覽器，由「http://www.facebook.com」進入 。

02 在首頁即會顯示註冊表單，先在欄位中輸入姓氏、本名、電子郵件 ... 等相關資訊，接著請按 **註冊** 鈕，再經過搜尋朋友、基本資料填寫與大頭貼照上傳，即可完成帳號的註冊。

要注意

Facebook 帳號申請的注意事項

1. Facebook 帳號的申請是免費的。
2. 年滿 13 歲者才具有註冊 Facebook 的資格。
3. Facebook 帳號為個人所使用，並不允許共同帳號。
4. 每個手機號碼或電子郵件只能申請一個 Facebook 帳號。
5. Facebook 推行實名制，要求在申請帳號時使用真實姓名，並允許增加別名，如此一來帳號代表的不僅是一個虛擬的名稱，而是真正可以互動的人。

小美人魚戳了你一下！

QUESTION 004

建立粉絲專頁的注意事項

擁有 Facebook 帳號後等於就拿到申請 Facebook 粉絲專頁的門票，但是在申請前有什麼要特別注意的呢？

申請 Facebook 粉絲專頁的資格

如果您是某個組織、企業、名人或樂團的正式代表，才能建立 Facebook 粉絲專頁。在粉絲專頁建立後，創始管理者可以新增其他成員來協助管理粉絲專頁。

粉絲專頁的名稱不得包含不雅字詞、錯誤過多的文法或標點符號，也不能包含通用字詞或地點，例如：「糖果」或「麵包」。如果使用這樣的名稱進行命名，可能會有管理員權限自動被移除的後果喔！

如果您希望為名人或組織在 Facebook 上建立一個代表性的頁面，但是您並非官方授權代表，建議您可以改而建立 Facebook 社團，因為它能夠由任何用戶建立及管理。

可以建立粉絲專頁的類型

在 Facebook 中目前共有**企業商家或品牌 及 社群或公眾人物** 二個主要類型。

每個帳號可建立及管理的粉絲專頁數目

Facebook 沒有限制一個帳號可以管理的粉絲專頁數目，所以每個帳號都可以建立及管理無限個粉絲專頁。

QUESTION 005

新增 Facebook 粉絲專頁的建議步驟

面對剛新增的 Facebook 粉絲專頁常讓人感到手足無措，建議您可以依照下方步驟操作，為您的粉絲專頁打下良好的基礎：

01 新增封面照片：剛進入 Facebook 粉絲專頁時，首先映入眼簾的就是封面照片，所以第一件事當然就是為全新的粉絲專頁新增封面照片。這個動作對於粉絲專頁的風格表達十分重要，當團隊組織、企業公司有新消息或新活動時，不妨更換封面照片來進行宣傳，效果很好喔！

02 新增大頭貼照片：大頭貼照片代表了這個 Facebook 粉絲專頁的風格，為粉絲專頁設計一個顯眼而好看的大頭貼照片，不僅加深瀏覽者的印象，也能夠協助其他粉絲找到這個粉絲專頁。

03 新增專頁詳細資訊：為 Facebook 粉絲專頁加入重要資訊，除了一般內容之外，還要包含營業時間和聯絡方式，幫助用戶可以快速找到你。

04 為粉絲專頁建立用戶名稱：為 Facebook 粉絲專頁設定一個好記的用戶名稱，就能讓這個名稱顯示在粉絲專頁的自訂網址中，讓瀏覽者可以更容易尋找，甚至能牢記您的粉絲專頁。

當建立好一個全新的粉絲專頁後，Facebook 會很貼心地不時將一些經營的重點與秘訣整理起來放置在頁面中間，只要耐心閱讀相關資訊或跟著指示進行設定，就可以在最短的時間內完成基礎建設的部署，加速開張的腳步。

▲ Facebook 常會在粉絲專頁中顯示相關的經營技巧與提醒

QUESTION 006

粉絲專頁封面照片使用注意事項

認識粉絲專頁封面照片

Facebook 希望您用獨一無二的封面照片吸引粉絲，以突顯最新的活動與專頁的特色。像是餐廳裡最受歡迎的菜色、鞋店中最熱賣的球鞋，或是您在店裡與客戶熱情互動的照片，都是很好的主題素材，如果能再加些創意就更好了！

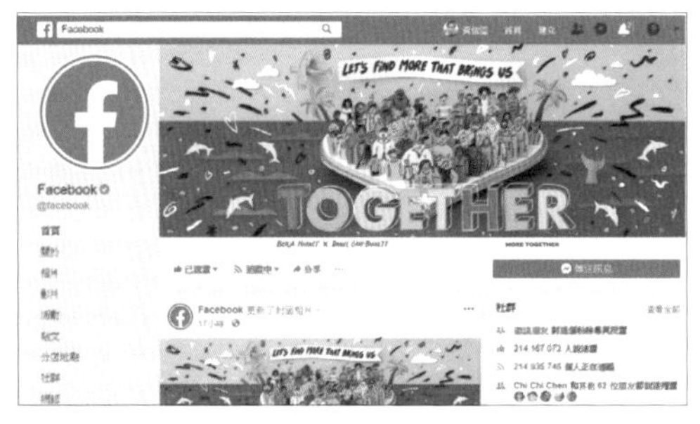

▲ 粉絲專頁的封面照片可以突顯活動與專頁的特色

粉絲專頁封面照片的使用準則

封面照片內容不能為所欲為，它可是有限制的。選擇封面相片時請注意以下事項：

- 使用最能代表您粉絲專頁的獨特圖像，像是最受歡迎的菜色、專輯封面或顧客使用您產品的相片。運用創意，並測試粉絲反應最熱烈的圖片。
- 上傳相片前，檢視封面相片的尺寸。
- 確認您的封面相片遵守粉絲專頁使用條款。因為所有的封面照片都是公開的，並且不應該以文字為主，其中所呈現的內容不能造假、欺騙或誤導，也不能侵犯第三方合作夥伴的智慧財產權。您不能鼓勵或誘導他人上傳您的封面相片到他們個人的動態時報上，這是要特別注意的。

Facebook 粉絲專頁使用條款

關於 Facebook 粉絲專頁中的文字、圖片、影片等相關內容使用時的注意事項可以參考：
https://www.facebook.com/page_guidelines.php

扎子分享了這則訊息。

QUESTION 007

粉絲專頁封面照片與大頭貼照的尺寸

粉絲專頁封面相片與大頭貼照的尺寸示意圖

封面照片與大頭貼照片相當重要，在設計時可以一起考量，加上不同的創意讓人對您的粉絲專頁加深印象，提高加入的意願。

粉絲專頁封面及大頭貼相片尺寸說明

粉絲專頁的封面在電腦畫面上所顯示寬高為 820 X 312 像素，在智慧型手機上則為 640 X 360 像素。基本上使用的圖片尺寸寬高至少要大於 399 X 150 像素，但如果追求載入速度要快，準備的圖片就建議是小於 100 KB、851 X 315 像素的 sRGB JPG 檔。

粉絲專頁的大頭貼在電腦上顯示的尺寸為 170x170 像素，在智慧型手機上是 128x128 像素，在大部分功能手機上則是 36x36 像素，會自動裁切以符合正圓形。

無論是封面相片或是大頭貼照，如果要讓粉絲專頁載入速度達到最快，包含您的標誌或文字的大頭貼照和封面相片，建議可以使用 PNG 檔案取得較高品質的結果。

項目	封面照片	大頭貼
一般畫面	820 X 312 像素	170 X 170 像素
手機畫面	640 X 360 像素	128 X 128 像素

QUESTION 008

申請 Facebook 粉絲專頁

快速申請 Facebook 粉絲專頁

01 請開啟瀏覽器，由「http://www.facebook.com/pages/create/」進入。

02 請先登入 Facebook 個人帳號，接著選擇符合的專頁分類來新增粉絲專頁，按 **立即開始** 鈕，接著在欄位中依序填入資料後，按 **繼續** 鈕。

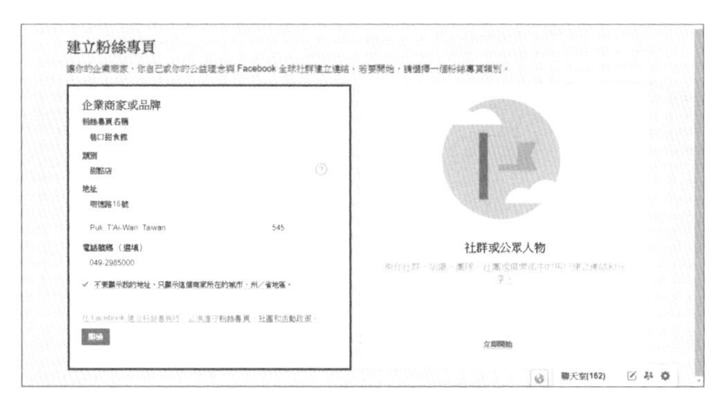

03 選按 **上傳大頭貼照**，請在開啟的視窗中選取製作好的照片後按 **開啟** 鈕。

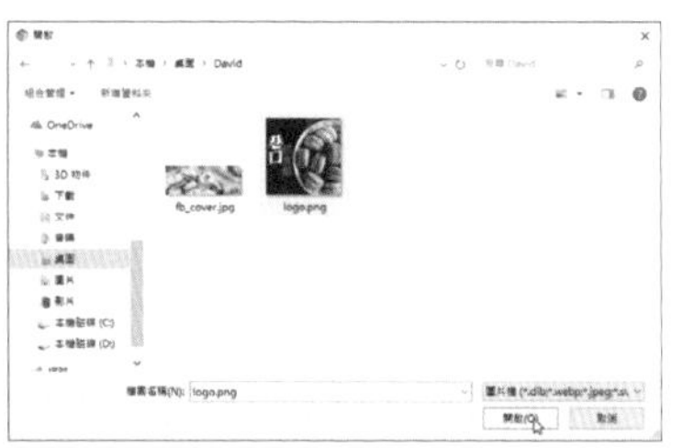

04 選按 **上傳封面相片**，請在開啟的視窗中選取製作好的照片後按 **開啟** 鈕。

05 此時 Facebook 即會新增一個全新的粉絲專頁，建議您先按 **讚** 成為專頁上的第一個粉絲，接著再根據頁面上的建議進行 Facebook 粉絲專頁的建置動作，最後可以在您的動態時報上分享這個 Facebook 粉絲專頁所推出的最新消息。

更換封面照片及大頭貼照

如果想要更換封面或大頭貼照片，可以回到粉絲專頁上選按封面照片左上角的 **變更封面** 鈕或大頭照下方的 **Update** 鈕，除了可以在已上傳的相片中挑選，或是再次上傳來更換，也能調整位置或刪除。

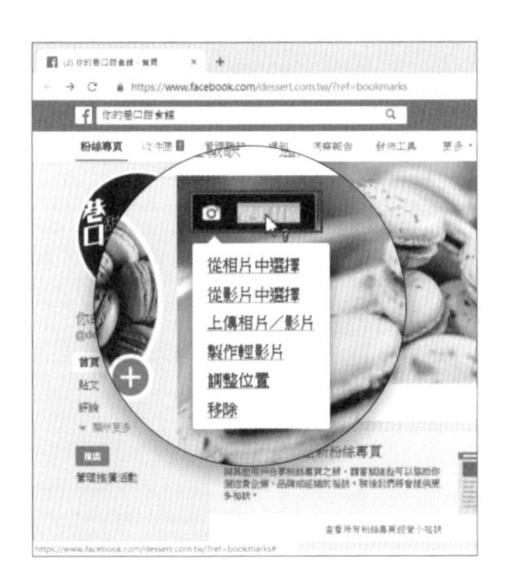

因為更換封面照片及大頭照的動作實在很簡單，建議您可以依照不同的季節，活動或是主打的商品等訊息來更新，讓瀏覽的粉絲時時保持新鮮感。

QUESTION 009

設定粉絲專頁的基本資料

設定 Facebook 粉絲專頁的基本資料就好像在編輯自傳一樣，讓其他人可以藉由這些資訊快速的認識 Facebook 粉絲專頁的主角。

粉絲專頁基本資料的編輯

01 請按 **關於** 連結即可開始檢視並編輯 Facebook 粉絲專頁的相關資料，也能按右上方的 **編輯粉絲專頁資訊** 開啟對話方塊根據不同的分類進行編輯。

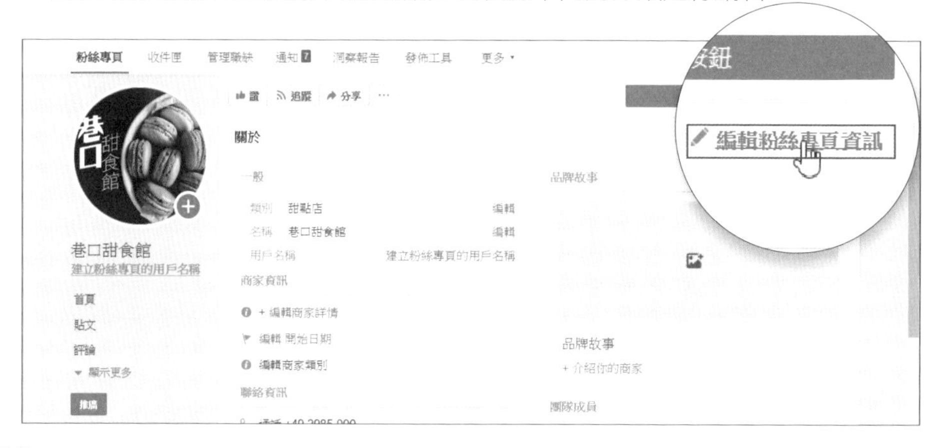

02 這裡所編輯的內容，會因為「類別」的不同而顯示相關的欄位，建議逐一完整填寫每個欄位的資訊，方便粉絲們進行關注。

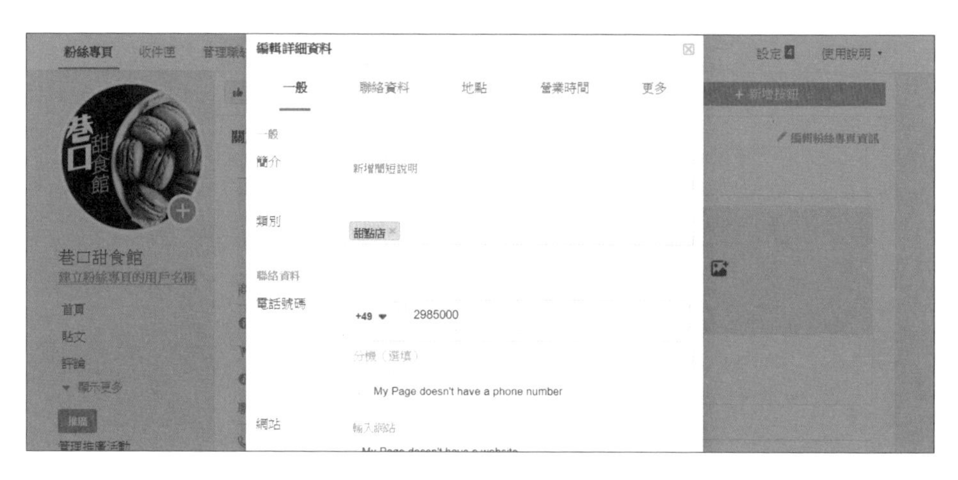

重要的基本資料

在 Facebook 粉絲專頁的相關資料中，管理者可以看到所有欄位並進行編輯，而一般瀏覽者僅能看到已經編輯好的欄位資料。以下是各個分類中可以設定的欄位，說明如下：

1. **一般**：欄位有 **簡介** 及 **類別**。這是最基本但也最重要的設定，但許多人會忽略，這欄位中的資料會顯示在搜尋的結果中，對於粉絲專頁的推廣相當重要，不可小看。

2. **聯絡資料**：其中有 **電話號碼**、**網站** 及 **電子郵件地址**，建議儘可能將資料填入，如此一來粉絲即能在專頁上根據這些資料與你聯絡，對於業務或行銷有很大的幫助。

3. **地點**：除了 **地址** 之外，管理者還可以在地圖上進行標示，粉絲即可利用這個方式快速得知粉絲專頁所代表的企業、商店或組織所在的位置，甚至可以利用相關的程式進行路徑規劃。

4. **營業時間**：如果粉絲專頁所代表的企業、商店或組織有營業或上下班的時間，可以利用這個設定來標示，方便粉絲利用。

QUESTION 010

更改粉絲專頁的名稱

Facebook 粉絲專頁名稱的更改必須向 Facebook 提出申請進行審核，方式如下：

01 請選按 **關於** 連結，然後在 **姓名** 的右方選按 **編輯** 連結，請輸入欲置換的粉絲專頁名稱，然後按下 **繼續** 鈕。

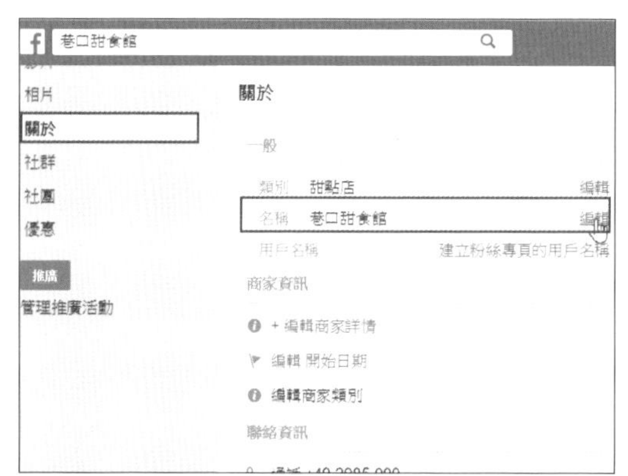

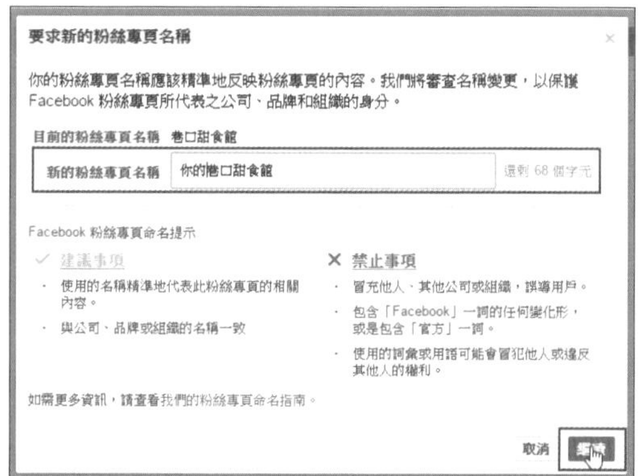

02 完成編輯後會進入確認頁面，按 **要求變更** 鈕後再按 **確定** 鈕關閉視窗。

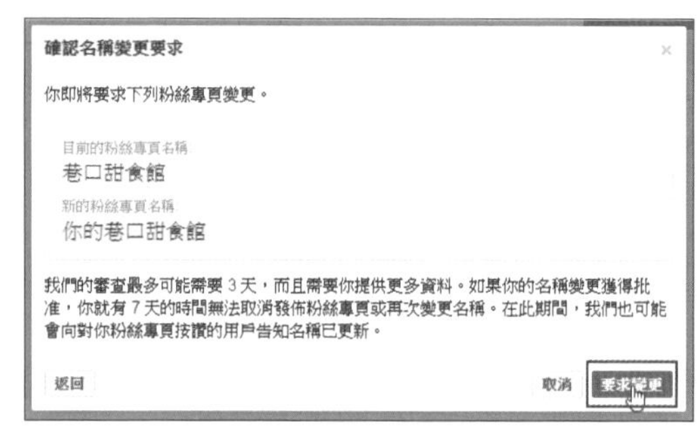

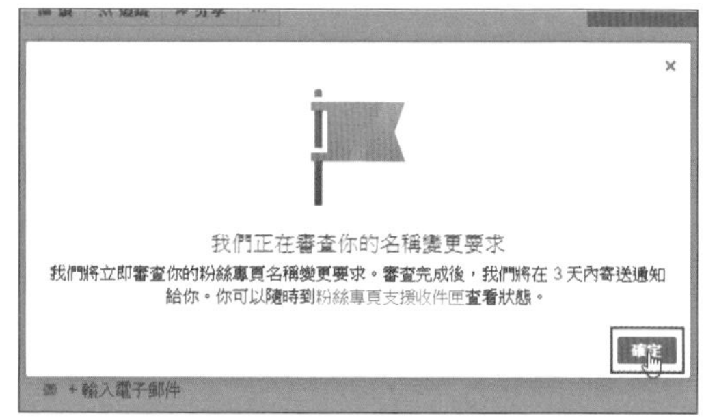

03 完成編輯後，如果符合規定即會發現專頁名稱已經完成變更。

QUESTION 011

為什麼要建立粉絲專頁的用戶名稱？

所謂的「用戶名稱」，就是「Facebook 網址」，也就是俗稱的「短網址」。

申請完粉絲專頁後，您會發現預設的專頁網址是由 Facebook 的網址加上專頁名稱與編號。當然在使用上是沒有問題，但若是想要推廣告訴朋友，除了網址很長，又充滿代號、數字，輸入起來十分不方便。如果能夠使用一個有意義又簡短的網址，就容易分享給朋友了！

www.facebook.com/ 你的巷口甜食館 -208515362547479
VS.
www.facebook.com/dessert4U.tw

▲ 您覺得哪個好記？哪個容易分享呢？

Facebook 可以讓管理者為專頁設定一個獨一無二的用戶名稱，即可組合成簡短網址，格式為：「http://www.facebook.com/ 用戶名稱」。

Facebook 粉絲專頁的專頁網址可以讓您輕鬆地在 Facebook 上宣傳公司、品牌或組織。您還可以將這個專頁網址用於行銷傳單、公司網站與名片上。

QUESTION 012

使用粉絲專頁用戶名稱的秘訣與限制

設定粉絲專頁用戶名稱的限制

- 您無法使用別的用戶已使用的用戶名稱。
- 設定者必須是粉絲專頁的管理員，才能替粉絲專頁設定用戶名稱。
- 每個 Facebook 粉絲專頁僅可擁有一個用戶名，不能申請多個用戶名稱。
- 用戶名稱是不能轉讓的，您並不能將它過繼給其他粉絲專頁。
- 用戶名稱至少必須包含 5 個字元。
- 用戶名稱只能包含字母與數字字元 (a-z、0-9) 或英文句點 (「.」)，並必須至少有一個字母。要特別注意的是句點 (「.」) 和英文大寫不算是用戶名稱的一部分。例如：davidhuang23、DavidHuang23 和 david.huang.23 都被視為是相同的用戶名稱。

設定粉絲專頁用戶名稱的秘訣

專頁用戶名稱最好要直接好記，因為它會成為專頁的網址代表。建議如下：

- 請以專頁要推廣的人物或企業名稱為用戶名稱 (如 DavidHuang、eHappyStudio)，這樣一般人可以很容易因為網址就聯想到專頁要介紹的人物或企業，對於行銷很有幫助。如果您的粉絲專頁是關於品牌或服務相關特定主題，可選擇適合該主題的名稱為用戶名 (如 Photographer)。
- 在命名時也可以包含句點及英文大寫，讓整個用戶名易於閱讀，也容易記憶，也不會對用戶尋找專頁時造成影響。
- 許多人會直接以個人或企業官方網站的網址做為用戶名，不僅好讀好記，也能彼此呼應，對行銷很有幫助 (例如：www.facebook.com/ehappy.tw)。

QUESTION 013

申請及設定專頁網址

在申請粉絲專頁時即可設定專頁網址，如果申請時略過此步驟請依以下說明設定：

01 請選按 **關於** 連結，在 **用戶名稱** 的右方選按 **建立粉絲專頁的用戶名稱**。

02 在 **用戶名稱** 欄中輸入要申請的用戶名稱，請遵守 Facebook 對於用戶名稱的限制，完成後按 **建立用戶名稱** 鈕。

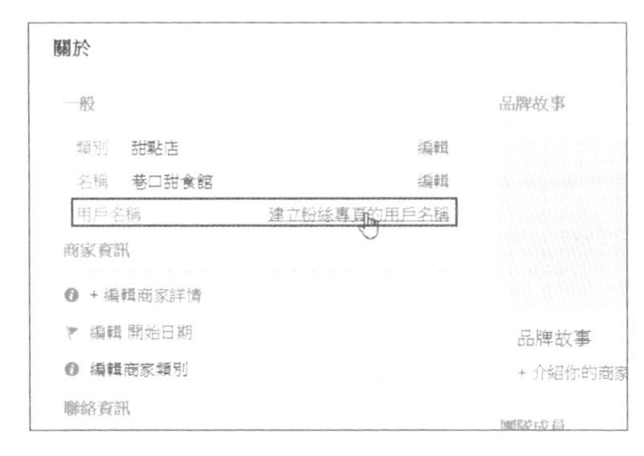

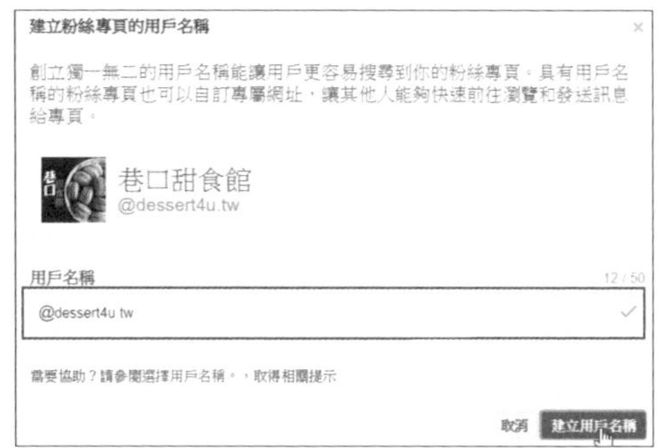

03 完成設定後會出現建立成功的訊息，按 **確定** 鈕回到粉絲專頁。您會發現頁面的網址已經變成剛剛設定的簡短網址了！趕快將這個網址分享給所有朋友吧！

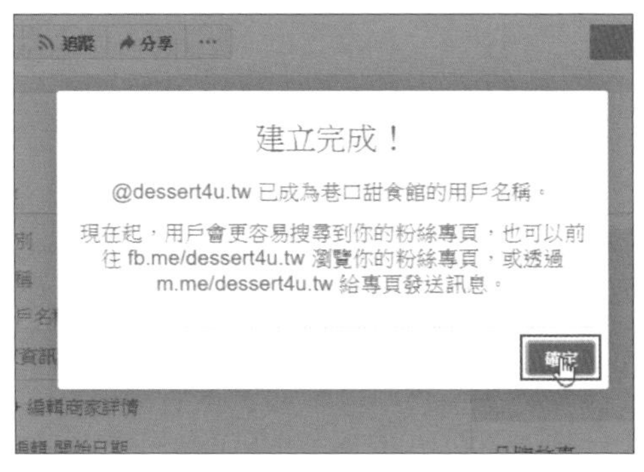

愛分享

Facebook 粉絲專頁用戶名稱網址的其他表達方式

您也可以使用「fb.me/ 用戶名稱」及「m.me/ 用戶名稱」更短的網址格式來分享。

扎子分享了這則訊息。

QUESTION 014

修改粉絲專頁的用戶名稱

如果不小心選擇了不正確或拼錯了 Facebook 粉絲專頁所代表的用戶名稱，仍有機會可以修改。如果發生這狀況，您可以依下述步驟操作：

01 請選按 **關於** 連結，然後在 **用戶名稱** 的右方選按 **編輯**。

02 在 **用戶名稱** 欄中輸入要申請的用戶名稱，請遵守 Facebook 對於用戶名稱的限制，完成後按 **建立用戶名稱** 鈕。

03 完成了設定後會顯示成功的訊息，按 **確定** 鈕回到 Facebook 粉絲專頁。您會發現頁面的網址已經變成剛剛修改的用戶名稱了！

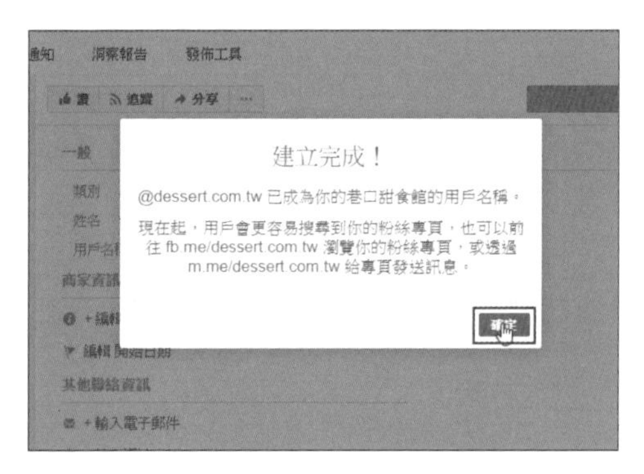

QUESTION 015

邀請朋友加入您的粉絲專頁

完成了 Facebook 粉絲專頁的基本建置，現在最重要的就是告訴您的親朋好友來加入！這個動作跟經營保險或是直銷有點類似，先請身邊的朋友們來捧場，再藉由朋友們的影響力將這個 Facebook 粉絲專頁的消息擴散出去，將粉絲全部拉進來！

邀請 Facebook 的朋友

在首頁右方的區塊會顯示您在 Facebook 的朋友，先輸入邀請訊息，於下方核選姓名後按打勾鈕，也可以利用不同的分類，在選取後按 **傳送邀請** 鈕。

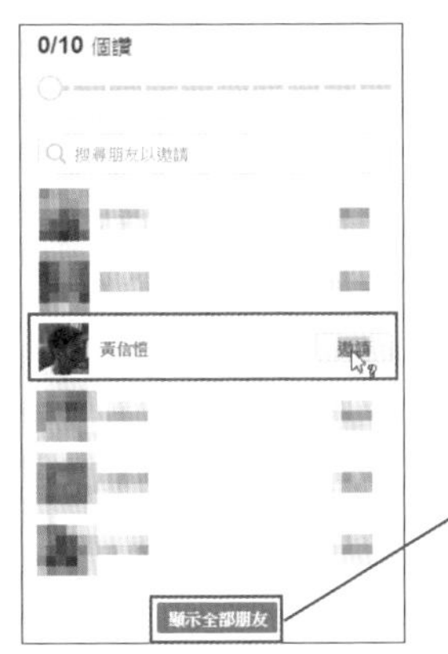

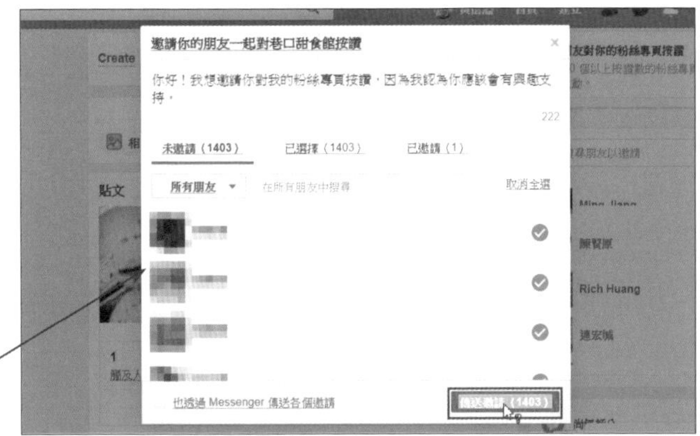

在您的動態時報分享 Facebook 粉絲專頁

選按封面照片下方的 **分享** 鈕開啟畫面，即可將這個 Facebook 粉絲專頁分享在個人動態時報、其他社團頁面，或是其他粉絲專頁。

QUESTION 016

在粉絲專頁發佈貼文

在自家的粉絲專頁貼上文字、照片等資訊，與在一般個人動態時報上貼文的操作步驟是相同的。但是在粉絲專頁卻有特殊的設定，能讓資訊的顯示更加聚焦。

一般貼文

這是最基本的貼文方式，只要在欄位中輸入文字再按 **立即分享** 鈕即可完成。

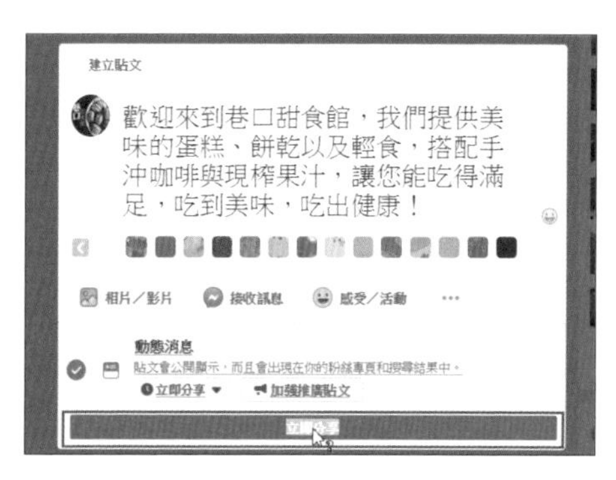

相片 / 影片貼文

貼文時想要上傳圖片或影片，可以按 **相片 / 影片** 後選擇 **上傳相片 / 影片** 項目再選擇要上傳的相片或影片，加上說明文字後按 **發佈分享** 鈕即可完成。

QUESTION 017

在粉絲專頁發佈相簿貼文

在貼文時還可以上傳多張相片建立相簿成為貼文內容。

01 在貼文區選按 **相片 / 影片** 鈕後再選擇 **建立相簿**，在開啟的對話方塊中選擇要加入的相片之後按 **開啟** 鈕即可進入 **建立相簿** 頁面。

02 除了可以設定相簿的標題、說明、日期、地點等資訊，也能針對每一張相片編輯說明文字，甚至新增或移除相片，最後按 **發佈** 鈕。

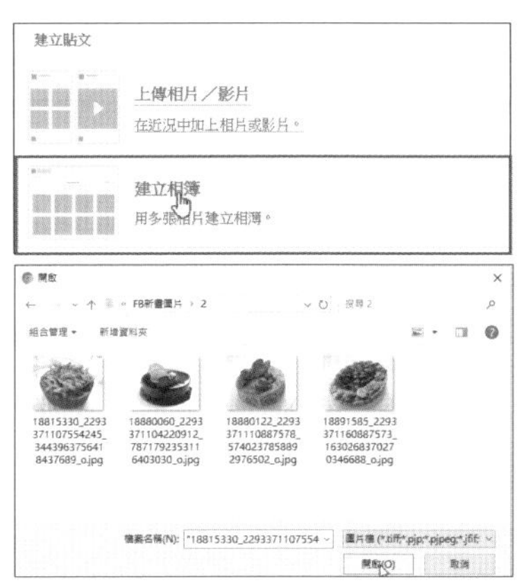

03 完成貼文後除了會新增相簿之外，在動態消息中也會顯示這份相簿的貼文。

QUESTION 018

在粉絲專頁發佈相片輪播貼文

相片輪播 是一種新的貼文樣式，貼文時可以選擇多張照片在貼文下方顯示，點選時都會導向同一個指定網址，這對於網站的行銷相當好用。照片的內容除了自行上傳之外，Facebook 也會自動抓取指定網址上的圖片以供選擇。

01 在貼文區選按 **相片 / 影片** 鈕後再按 **建立相片輪播** 進入下一頁，接著設定 **目的地網址** 後按 → 鈕。

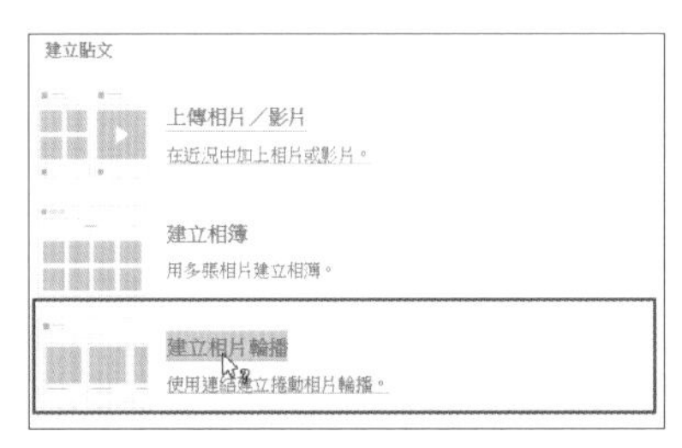

02 Facebook 會將目的地網址的圖片抓取回來，你可以在下方的 **可用圖像** 中核選要使用的圖片，也可以再自行上傳圖片，最後按 **發佈分享** 鈕。

03 完成貼文即可在動態消息中呈現相片輪播貼文，瀏覽者可以利用貼文區左右的箭頭移動顯示的相片，點選後會前往指定的網頁。

QUESTION 019

在粉絲專頁發佈輕影片貼文

新增的 **輕影片** 貼文可以選擇多張照片，程式會自動將它們組合成影片放在貼文中。

01 在貼文區選按 **相片 / 影片** 鈕後按 **製作輕影片** 開啟對話方塊，在開啟的對話方塊中按 **+** 鈕選取要使用的相片。

02 Facebook 會將選取的相片上傳後自動排列，每張相片可以設定 **長寬比**、**圖像顯示時間**、**切換效果**，也可以加上背景音樂，設定完成後按 **製作輕影片** 鈕。

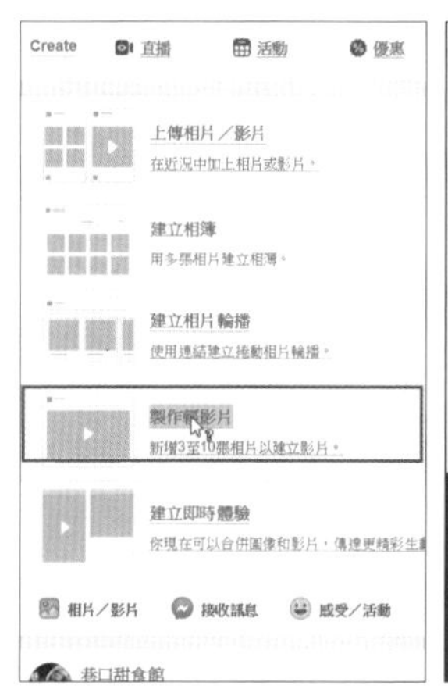

03 最後按下 **立即分享** 鈕，此時系統會開始處理，完成後會顯示通知訊息。完成貼文即可在動態消息中呈現輕影片，瀏覽者點選後即會開始播放。

QUESTION 020

舉辦粉絲專頁的活動

在 Facebook 粉絲專頁上為粉絲舉辦相關活動是很受歡迎的功能。活動的舉辦除了可以透過 Facebook 進行通知、收集出席名單、溝通留言的動作之外，若是有購票或報名頁面甚至還能連往相關頁面，相當實用。

Facebook 活動舉辦的方法

01 請進入 Facebook 粉絲專頁，在貼文區上方按 **活動** 鈕。

02 在開啟的對話方塊中填入活動的 **活動名稱**、**地點**（系統會自動在地圖上標示）、**說明**、**類別**、**頻率**、**開始時間** 及 **結束時間**、**購票網址**、**共同主辦人**、**詳情** 等資訊。

03 在 **選項** 中可以設定貼文的權限，是否要審核及訊息的使用。核選 **賓客名單** 可以在活動頁面顯示參加的名單。最後再按下 **發佈** 鈕，即可完成活動的舉辦。

04 回到頁面上即可看到活動貼文，使用者可以按下 **有興趣** 來決定是否參加。

05 選按活動連結之後會進入詳細頁面，其中會有更多的內容與資訊。

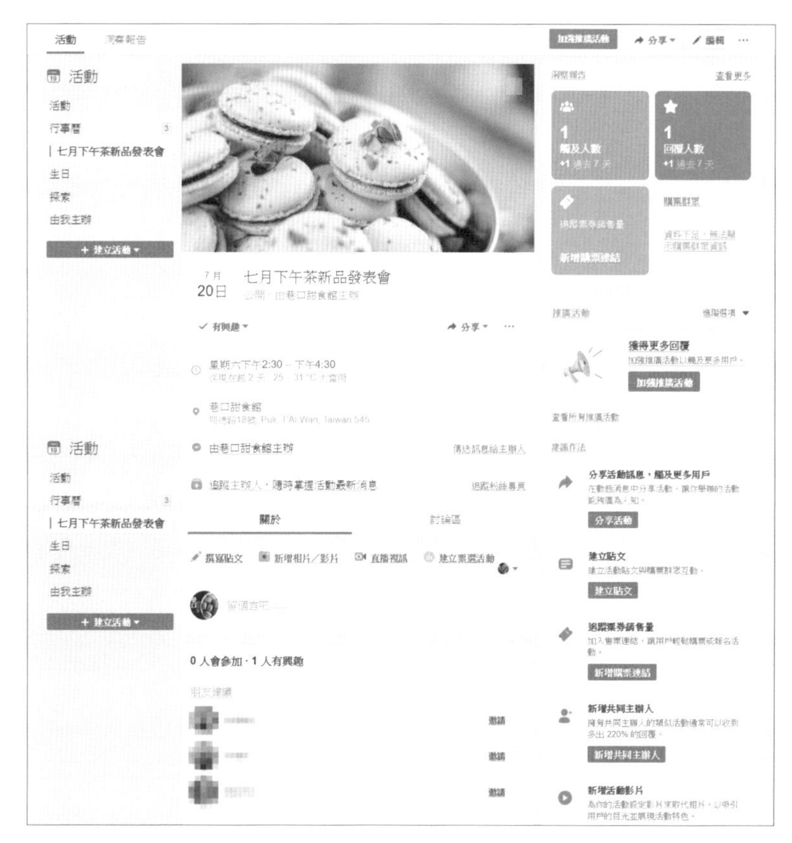

編輯 Facebook 的活動

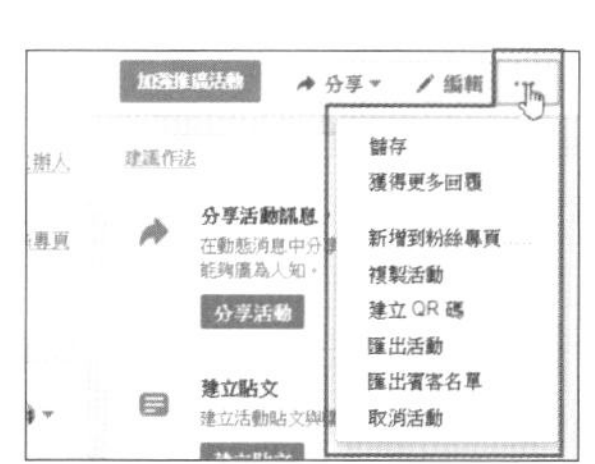

如果想要修改舉辦的活動內容，甚至進一步設定其他功能，在進入活動詳細頁面後，可以透過右上角的 **編輯** 連結及 [...] 鈕看到許多編輯的功能。常用的功能介紹如下：

1. **編輯**：回到編輯畫面調整活動的內容。
2. **新增到粉絲專頁**：將活動張貼到管理的粉絲專頁進行宣傳。
3. **複製活動**：若是有相似或是定期活動，可以利用這個功能來複製內容成為新活動。
4. **建立 QR 碼**：可以產生活動頁面網址 QR 碼，於活動頁面文宣中使用。
5. **匯出活動**：可以將該活動儲存到行事曆，或是傳送到電子郵件提醒自己。
6. **匯出賓客名單**：將賓客名單以 CSV 格式匯出，方便管理者使用。

QUESTION 021

建立粉絲專頁的優惠活動

無論是網路或是實體的店家，有效的行銷手法不外乎就是舉辦優惠活動。在粉絲專頁中建立優惠是十分方便的喔！

進入粉絲專頁在貼文區上方按 **優惠** 鈕。在開啟的對話方塊中按 **建立優惠**，先設定用戶可以兌換的地方，再進入詳細頁面填入活動的內容，最後按下 **分享優惠** 鈕即可完成。

回到粉絲專頁的頁面即可看到這則優惠貼文了，選按後即可顯示該活動的詳細內容。使用時也很方便，可以使用手機在瀏覽貼文顯示優惠頁面，供店家檢視使用。

QUESTION 022

建立粉絲專頁的直播視訊

認識 Facebook 直播視訊

目前網路上瀰漫著濃濃的直播風潮，網紅世代已經來臨！ Facebook 當然也沒有在這個領域缺席，只要敢秀、想紅、有內容，您也可以成為令人矚目的直播主。

在 Facebook 上所有用戶都能在個人的動態時報、粉絲專頁、社團、活動中建立直播視訊和朋友們一起互動。直播視訊的即時特性是能與粉絲更近距離的接觸，無論是教學演講、即時活動、電玩遊戲實況，甚至是粉絲團抽獎，還有流行的拍賣直播都能派上用場。

建立 Facebook 直播視訊

建立 Facebook 直播視訊的方式十分簡單，如果是用電腦，請先準備好視訊攝影鏡頭及麥克風；若是用手機，只要安裝 Facebook App，即可直接使用手機的鏡頭與麥克風，應用上更加方便。

01 進入粉絲專頁，在貼文區上方按 **直播** 鈕。

02 在開啟的對話方塊中可以先設定視訊音效來源，並對直播影片寫些說明的內容。在預覽的畫面中可以看到未來直播的情形，等待一切都就位，就可以按下 **開始直播** 鈕。

03 進入直播狀態時在左方會顯示直播畫面，上方會顯示時間。右方會顯示聊天窗格，直播主可以在此與所有觀看直播的粉絲進行互動，完成後按下 **結束直播視訊** 鈕。

04 直播完成後會進行視訊檔案的轉換與儲存，按 **刪除影片** 連結能將直播視訊檔案刪除。若按 **完成** 鈕，Facebook 會自動生成直播視訊貼文，供粉絲在專頁中觀看。

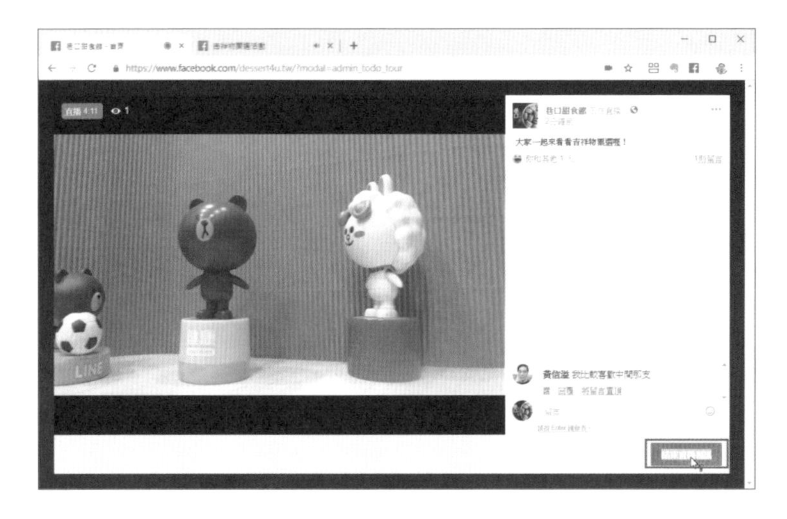

編輯 Facebook 直播視訊貼文

選按貼文右上角的 ⋯ 鈕後按 **編輯貼文**，在開啟的對話方塊即可編輯直播視訊貼文，還有許多進階的資料可以設定。

QUESTION 023

設定粉絲專頁的里程碑

里程碑屬於粉絲專頁中特殊類型的貼文，除了可以分享重要事件，述說關於粉絲專頁的故事，也可讓可用戶在造訪粉絲專頁時，快速了解有關粉絲專頁的一切。

01 請進入 Facebook 粉絲專頁，使用封面下方的 ··· 鈕，再選按 **建立里程碑** 。

02 在開啟的對話方塊中請填入里程碑的**標題**、**地點**、**時間**、**故事分享**，甚至是相關的相片，最後再按下 **儲存** 鈕，即可完成里程碑的設定。

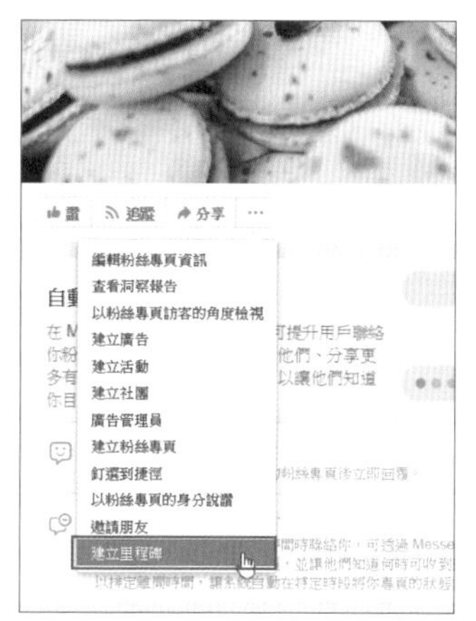

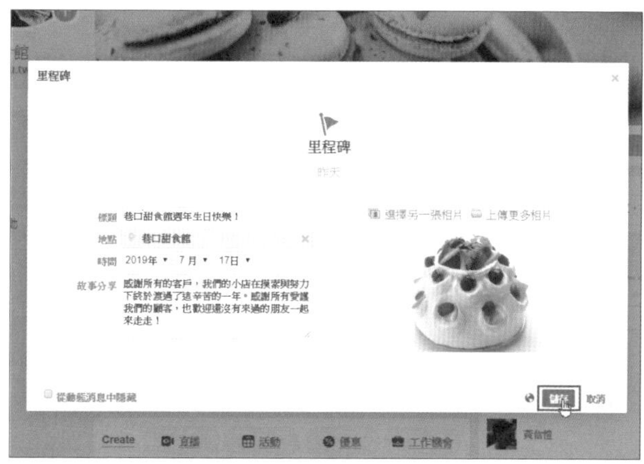

03 在 Facebook 的動態消息上即會顯示這個里程碑訊息。

QUESTION 024

將重點貼文置頂

在粉絲專頁，Facebook 允許管理者對於重要的貼文設定置頂的功能，讓粉絲一進入專頁時就能看到這則訊息。

設定的方法很簡單，請先移動到要設定的貼文區塊，接著選按右上角的 ⋯ 鈕，選按下拉式選單的 **置頂於粉絲專頁** 選項。完成後在該貼文區塊右上角會顯示一個藍色圖釘的標籤，整個貼文會馬上移到動態時報的最上方。

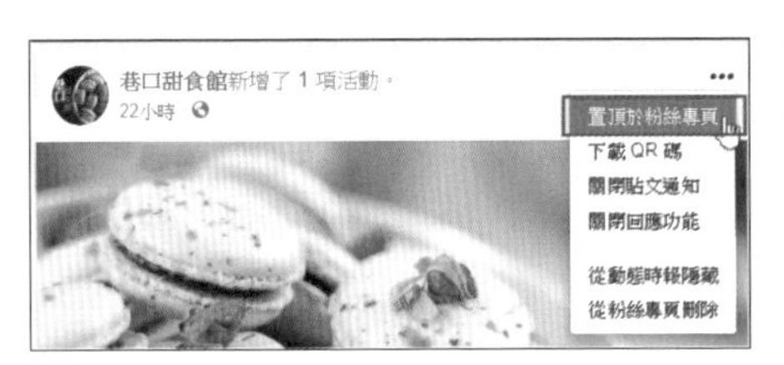

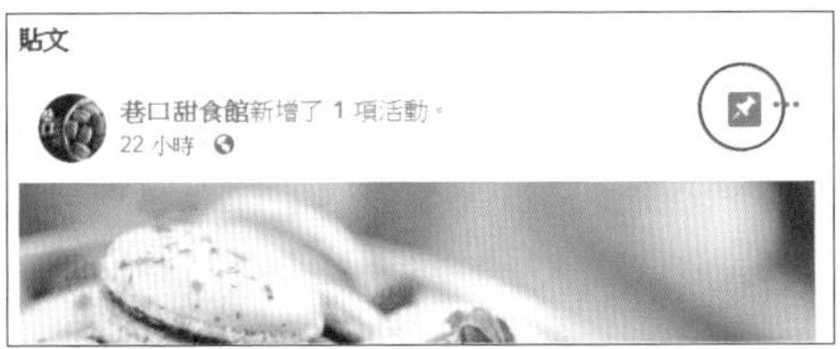

如果要移除置頂的設定也很簡單，請選按置頂貼文右上角的 ⋯ 鈕，選按下拉式選單的 **從粉絲專頁頂端取消置頂** 即可。

要 注 意

置頂貼文設定的注意事項

1. 置頂貼文只會停留在 Facebook 粉絲專頁頂部 7 天。在超過時間後貼文將會回到粉絲專頁動態時報上當時發佈的日期。
2. 在 Facebook 粉絲專頁一次只能有一個置頂貼文。當您選擇一個新的動態為置頂貼文，它將會取代原來的置頂貼文，並會將原先的貼文移回它在動態時報上所發表的日期。

小美人魚戳了你一下！

QUESTION 025

設定排程貼文

如果您希望讓貼文在設定的時間才顯示，可以使用排程貼文的功能。在貼文時將下方選單的 **立即分享** 改為 **排程**，在 **貼文排程** 視窗中設定發佈日期與結束日期，按 **排程** 鈕後發佈貼文，在動態消息即會顯示一則排程貼文的通知。

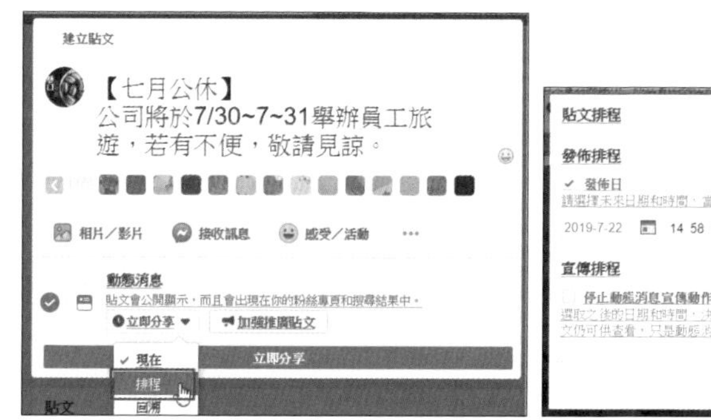

在排定的時間未到前，專頁上不會顯示這則貼文。您可以選按專頁上方的 **發佈工具** 後再選按 **排定貼文** 項目，即可查閱所有排程貼文。

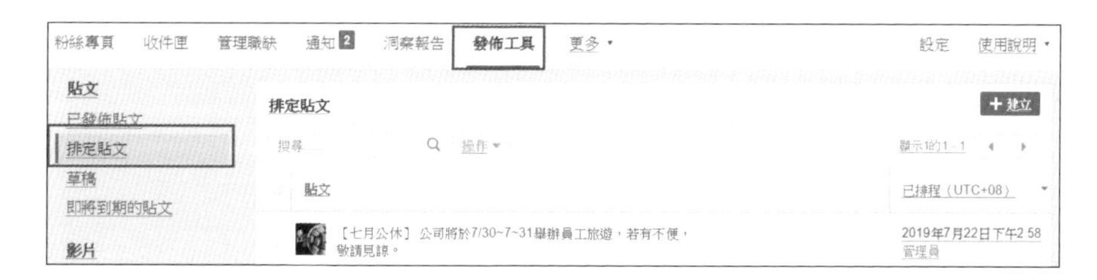

如果想要編輯貼文，可以在選取貼文項目後按上方 **操作** 鈕，可以使用下拉式功能表中的 **發佈** 直接發佈貼文；選取 **重新排程** 可以重設排程時間；選取 **刪除** 可以刪除貼文。

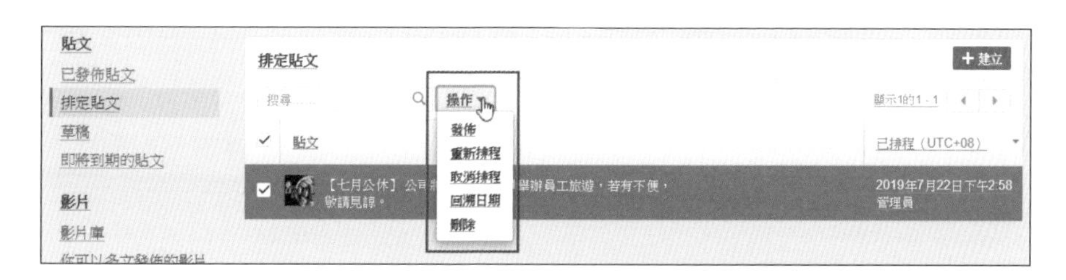

QUESTION 026

如何更改貼文日期？

管理者可以輕易地更改貼文的日期，設定的方法很簡單，請先移動到要設定的貼文區塊，接著選按右上角的 ⋯ 鈕，選按下拉式選單的 **變更日期** 選項，接下來即可在顯示的對話方塊中設定要變更的日期，甚至是時間。

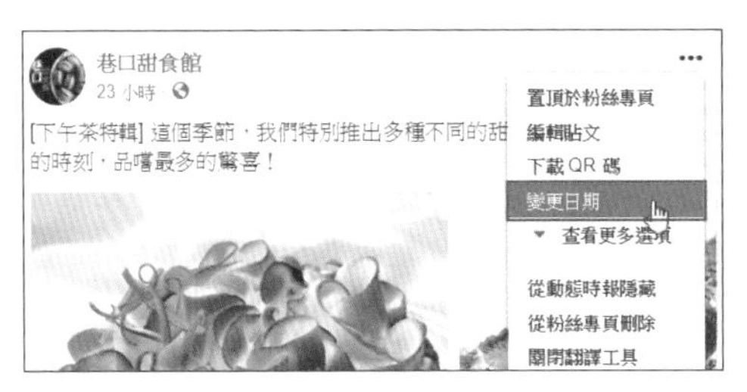

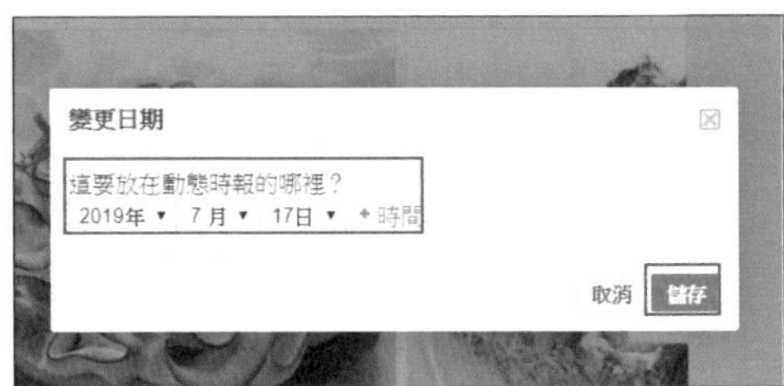

QUESTION 027

如何重新編輯貼文？

若要修改已發布的貼文內容，可以透過重新編輯的方式修改。

設定的方法很簡單，請先移動到要設定的貼文區塊，接著選按右上角的 ⋯ 鈕，選按下拉式選單的 **編輯貼文** 選項，修改貼文內容。

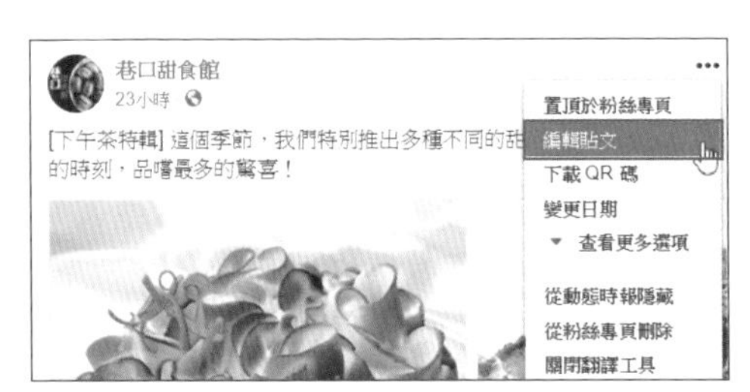

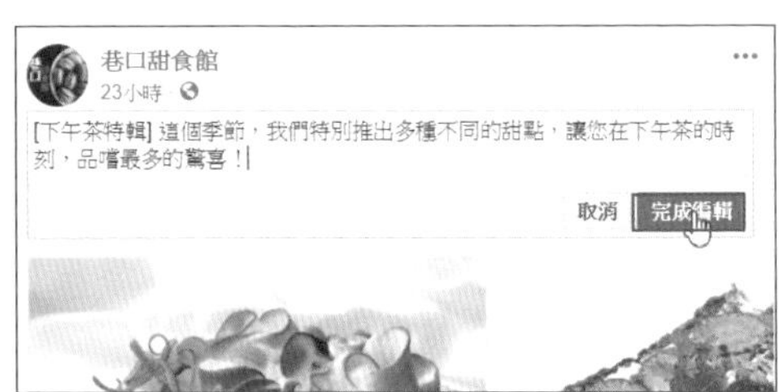

QUESTION 028

如何隱藏貼文？

管理者可以隱藏不適宜的貼文，該則貼文即會從專頁動態時報上移除，讓其他人無法看見，但被隱藏的貼文卻仍會出現在搜尋、動態消息以及 Facebook 的其他地方。

設定的方法很簡單，請先移動到要設定的貼文區塊，接著選按右上角的 ⋯ 鈕，選按下拉式選單的 **從動態時報中隱藏** 選項，然後在對話方塊裡面按下 **隱藏** 鈕，即可完成。

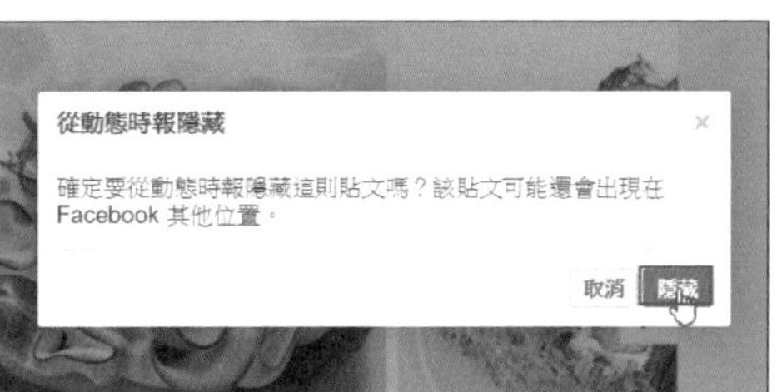

QUESTION 029

如何刪除貼文？

如果想要讓貼文真正消失，就必須使用刪除功能。請先移動到要設定的貼文區塊，接著選按右上角的 ⋯ 鈕，選按下拉式選單的 **從粉絲專頁刪除** 選項，然後在對話方塊裡面按下 **刪除** 鈕，即可完成。

QUESTION 030

如何嵌入貼文？

我們可以透過分享功能，將自家粉絲專頁的貼文，放送到其他人的 Facebook 動態時報裡面。如果想把粉絲專頁裡的貼文完整內容，原汁原味地呈現到 Facebook 以外的網站或是部落格，而不是僅提供貼文連結，那就必須使用 **嵌入** 功能，設定方法如下：

01 移動到要設定的貼文區塊，再選按右上角的 ⋯ 鈕，在功能表選按 **嵌入** 功能。

02 在開啟的對話方塊中，於下方的預覽畫面確認無誤之後，複製上方的程式碼（代碼），即可關閉該視窗。

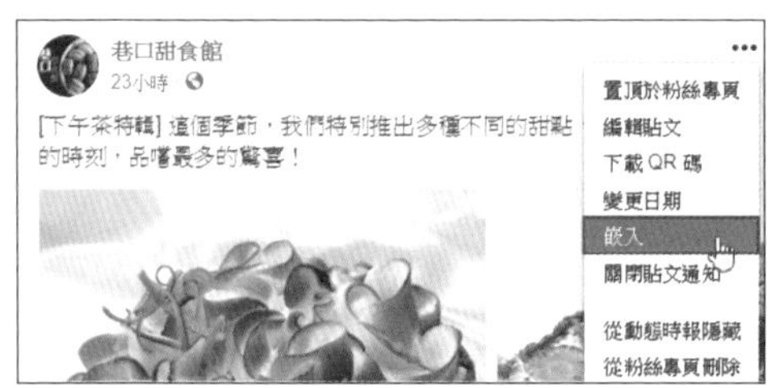

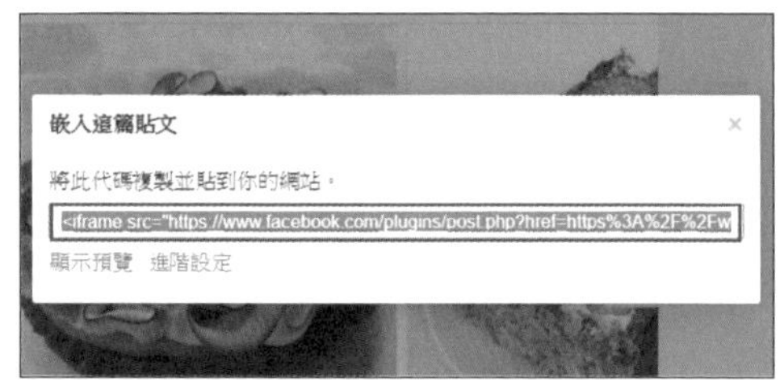

03 進入個人管理的網站或是其他網路部落格站台，在訊息或是網誌張貼內容介面，選擇 **HTML** 格式，然後貼上剛剛複製的程式碼，送出之後即可看到以內嵌方式所呈現的該則貼文。

QUESTION 031

建立行動呼籲按鈕

您可以在 Facebook 粉絲專頁封面圖片右下角加入一個顯眼的 **行動呼籲** 按鈕，讓使用者按下後可以前往指定的網站或是應用程式。

認識行動呼籲按鈕

許多人會為自己的公司、單位或是團隊建立粉絲專頁，在經營的過程中，常會希望將 Facebook 的粉絲導回自己公司的網站，或是一個活動頁面，甚至是自己的應用程式。**行動呼籲** 按鈕就是管理者在 Facebook 粉絲專頁上加入一個按鈕，讓粉絲可以在選按後導向指定的網站、頁面或是應用程式。

加入行動呼籲按鈕

請試著加入一個 **行動呼籲** 按鈕，讓粉絲在選按後能夠導向公司網站的聯絡表單頁面，操作方式如下：

01 請進入 Facebook 粉絲專頁，接著選按封面相片右下角的 **新增按鈕** 鈕。

02 在 **新增按鈕至粉絲專頁** 對話方塊中，有許多不同類型的按鈕。這裡以 **聯絡我們** 為例，要加入一個導向網站連結的按鈕。

03 在欄位中設定要前往的網址，最後按 **新增按鈕** 鈕。

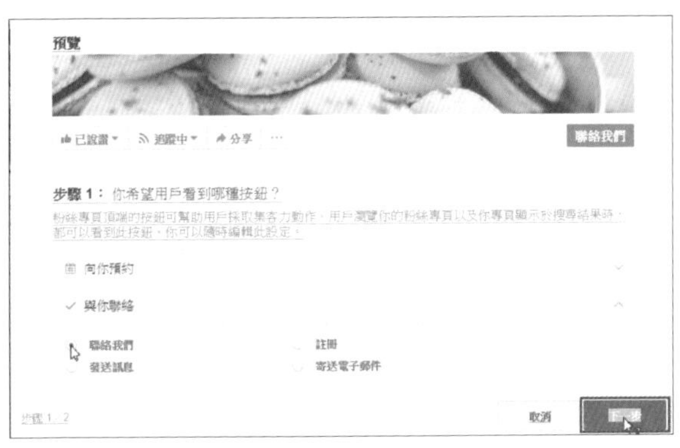

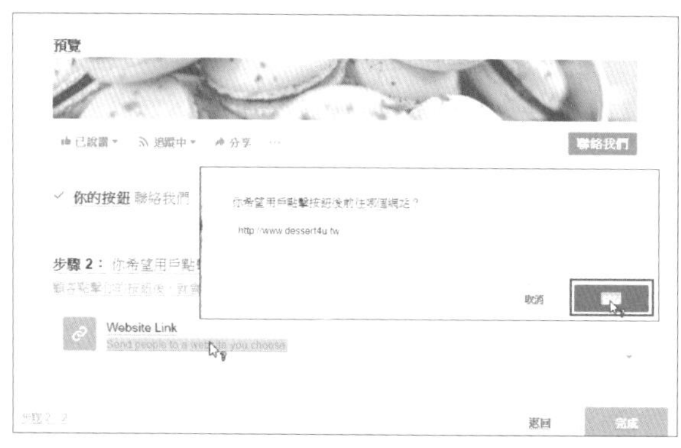

如此即完成了行動呼籲按鈕的建立。

測試行動呼籲按鈕

行動呼籲 按鈕建立後，一般粉絲選按時會開啟指定的網站，管理者滑過按鈕時會出現下拉式功能表，選按 **測試按鈕** 即可開啟指定的網站。

刪除行動呼籲按鈕

因為一次只能加入一個行動呼籲按鈕，當要換成其他按鈕時，可以先把原來的按鈕刪除。管理者滑過按鈕時會出現下拉式功能表，選按 **刪除按鈕** 即可，在對話方塊按 **刪除按鈕** 鈕後即可完成。

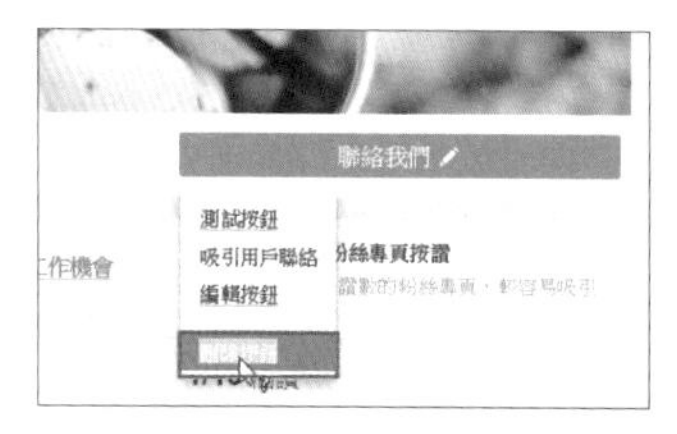

要注意

行動呼籲按鈕並不能自訂文字與功能

目前 **行動呼籲** 按鈕並不能自訂文字與功能，所以管理者在設定時只能使用 **選擇按鈕** 下拉式功能表中的選項。 另外，不同的按鈕的設定功能可能會不一樣，有些按鈕如 **立即通話** 要設定電話號碼，而且只會出現在 iPhone 及 Android 的行動裝置中。

小美人魚戳了你一下！

拒絕粉專變粉磚
認識粉絲專頁的管理

QUESTION 032

認識粉絲專頁的管理員介面

在具有管理員身份的粉絲專頁中，除了可以看到一般粉絲專頁以時間軸的方式來顯示的動態時報外，在上方還會顯示 **管理員功能** 區域的頁籤，即使當頁面捲動到下方時，該區域仍會維持在頁面的最上方，方便管理者點選所需功能。以下説明常用的頁籤：

- **粉絲專頁**：回到粉絲專頁的首頁。
- **收件匣**：管理者可以在此回覆粉絲訊息互動。
- **通知**：管理者可以檢視專頁各項通知內容，這些訊息除了會列示管理者做了什麼動作之外，也會顯示粉絲在專頁上的互動內容。包含了按讚、留言、分享及其他事項，對於管理者來説是很重要的資訊。
- **洞察報告**：管理者可以在洞察報告中檢視用戶在粉絲專頁上的活動數據，並可以此內容來調整經營方向。
- **發佈工具**：管理者可以進行貼文、影片等重要訊息的發佈。除了能條列檢視已發佈貼文的觸及人數、按讚及留言人數，也能批次進行管理的工作。除此之外，還能檢視並管理排定貼文、草稿及即將到期貼文的狀況。影片的貼文也能在這裡進行管理，除了能上傳影片及批次進行編輯，在表列中也能檢視影片瀏覽的狀況。
- **設定**：可以在此檢視編輯專頁相關資訊，以及編輯專頁的設定。

QUESTION 033

如何使用粉絲專頁上的活動紀錄？

Facebook 粉絲專頁的管理動作千頭萬緒，確實很難記得自己或是粉絲在什麼時候做過哪些動作，除了可以使用 **訊息** 及 **通知** 頁籤來查詢之外，還可以透過 **活動紀錄** 功能，看到所有分類過的操作動作以時間排序來進行紀錄。

01 請進入 Facebook 粉絲專頁，接著選按 **管理員介面** 的 **設定** 頁籤**活動紀錄** 選項。

02 在活動紀錄的頁面中，左方會顯示所有紀錄的分類，右方會顯示目前分類中的紀錄內容。紀錄的內容會依發生的時間，由最新到最舊的排序顯示，您可以依照這個規則進行查詢。

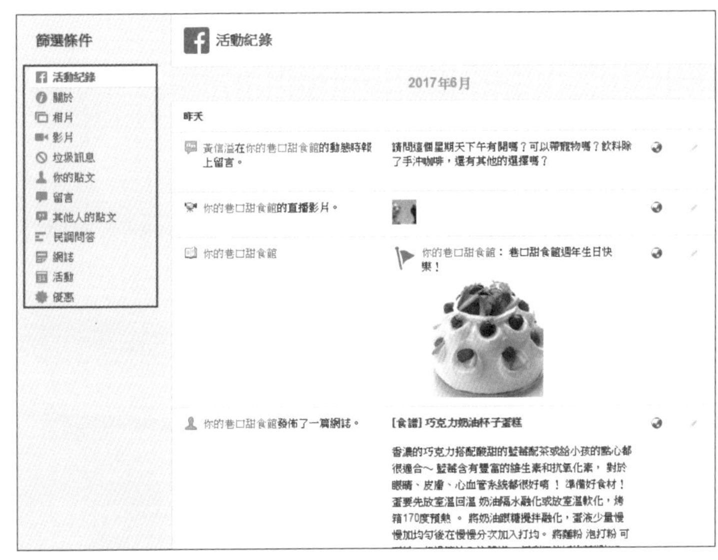

活動紀錄的查詢相當重要，尤其有一些操作是在執行完畢後，即無法由粉絲專頁上找到它所在的位置。

例如在管理粉絲頁貼文時，隱藏和刪除貼文後，就無法再找到這些內容，您必須使用活動紀錄的查詢才能找到這則貼文，再進行相關的處理。又例如發表在專頁上的垃圾訊息經過檢舉和移除後，就再也無法找到了。如果有特殊的狀況要恢復時，就必須使用這個功能才能找到！

QUESTION 034

設定粉絲專頁的通知

在管理 Facebook 粉絲專頁時如何即時得知有粉絲留言貼文，或是有粉絲要聯絡 ... 等動作呢？您可以在粉絲專頁中設定通知，方式如下：

01 請進入 Facebook 粉絲專頁，接著選按 **管理員介面** 的 **設定** 頁籤 \ **通知** 選項。

02 在 **通知** 項目中，可以看到四個主要選項，包含了 **在 Facebook 上**、**訊息**、**電子郵件** 與 **簡訊**，請依您所需要的通知項目進行核選。

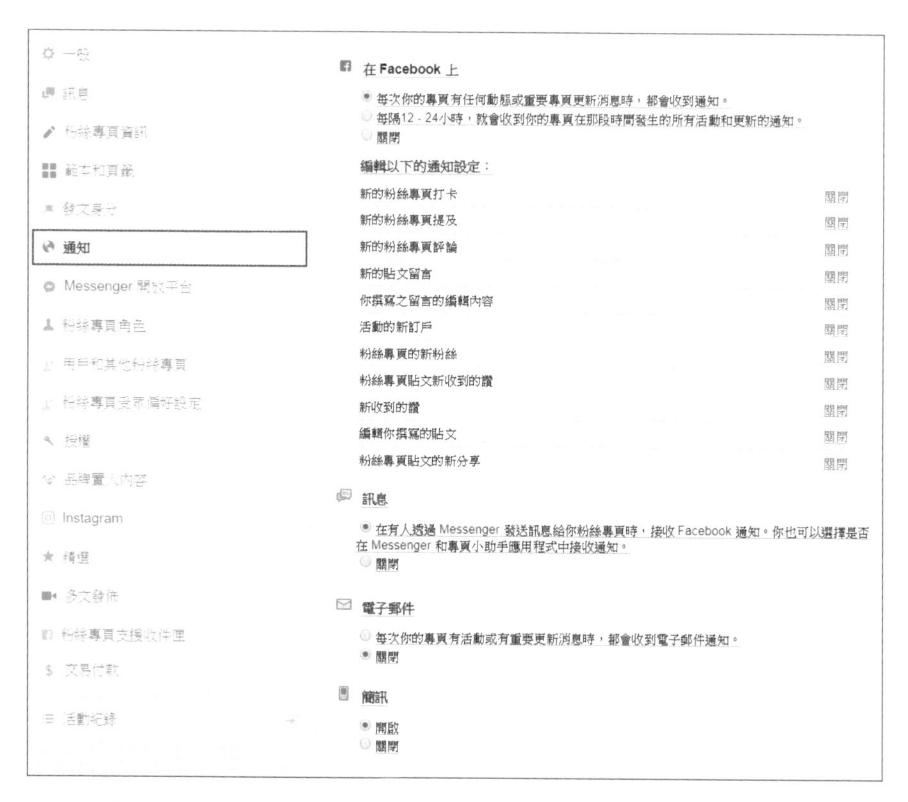

Facebook 除了可以在頁面上收到通知訊息外，還能透過電子郵件或行動裝置上的推播通知，甚至利用簡訊進行通知，讓您不漏接任何 Facebook 的動態。

當然過多的訊息通知也會讓人感到不悅，您可以在本頁設定要收到哪些通知及通知的方式。

QUESTION 035

如何新增、設定及移除粉絲專頁的管理員？

Facebook 粉絲專頁可以允許多人共同管理，請進入 Facebook 粉絲專頁，接著選按 **管理員介面** 的 **設定** 頁籤 \ **粉絲專頁角色** 選項，即可看到目前粉絲專頁中管理員的狀況：

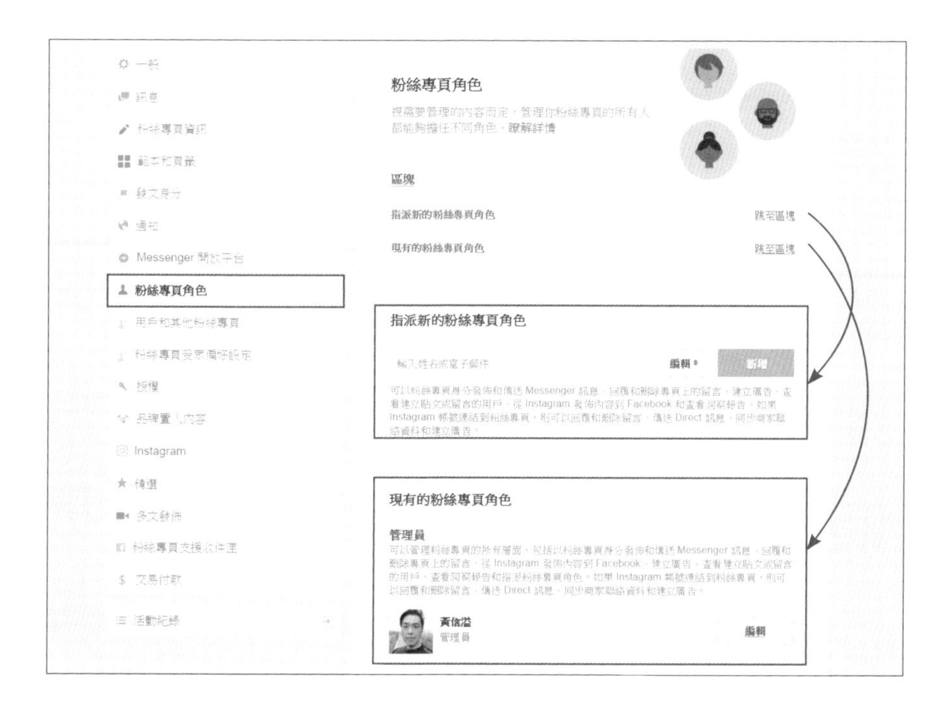

新增管理員的方式

01 如果要為申請的粉絲專頁新增一個管理員，請在下方的欄位中輸入要新增的管理員姓名或電子郵件，接著按 **編輯** 鈕，在下拉式功能表中選取管理員的角色，再按下 **新增** 鈕。

02 接著畫面會顯示需要輸入密碼的對話方塊，請輸入您 Facebook 帳號的密碼後，再按 **送出** 鈕，如果沒有錯誤即可完成管理員的新增動作。

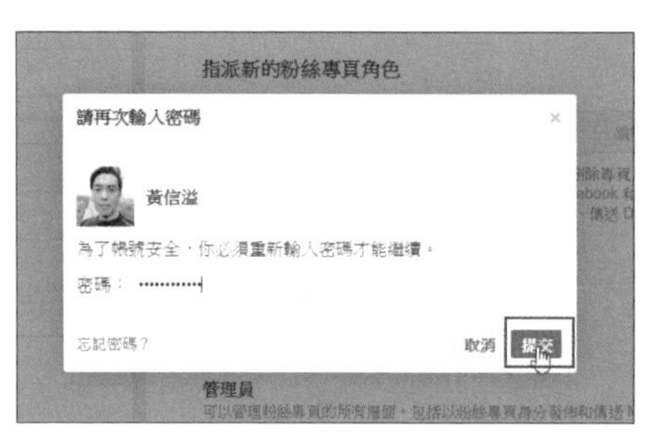

修改或刪除管理員的方式

01 若要調整管理員的身份，只要選按管理員列表右方的 **編輯** 鈕，在下拉式功能表中選取管理員的角色，最後按 **儲存** 鈕。接著畫面會顯示需要輸入密碼的對話方塊，請輸入您 Facebook 帳號的密碼後，再按 **送出** 鈕，如果沒有錯誤即可完成管理員的編輯動作。

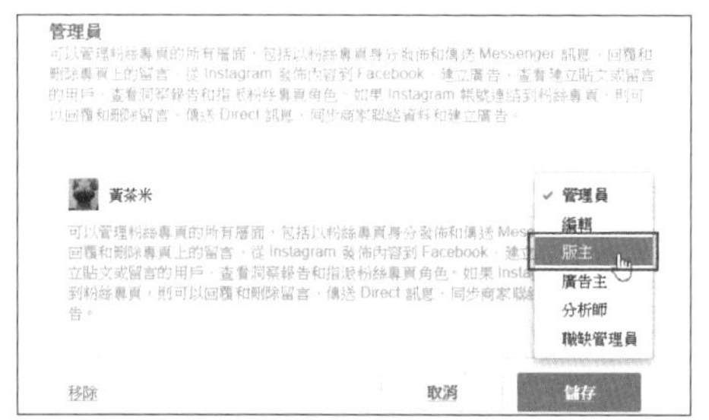

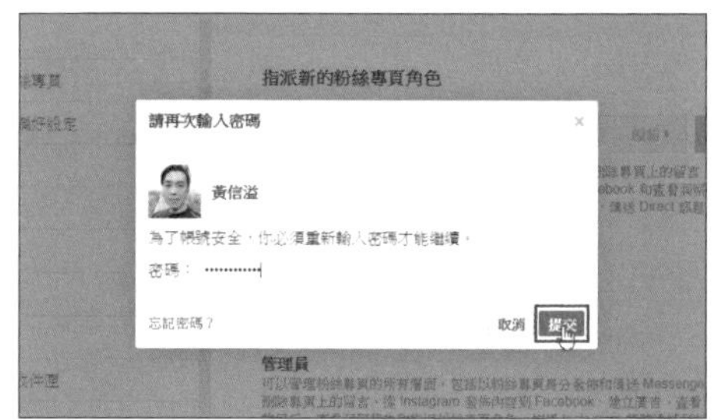

02 若是要刪除管理員的身份，只要選按管理員列表右方的 **編輯** 鈕，再按左下方的 **移除** 連結，在顯示的對話方塊按 **確認** 鈕。接著畫面會顯示需要輸入密碼的對話方塊，請輸入您 Facebook 帳號的密碼後，再按 **送出** 鈕，如果沒有錯誤即可完成管理員的刪除動作。

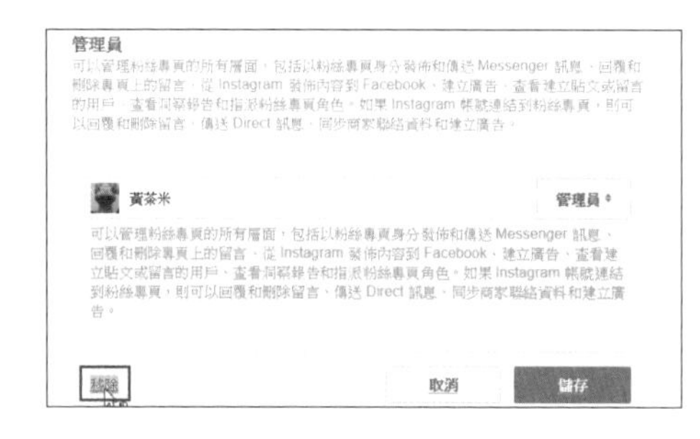

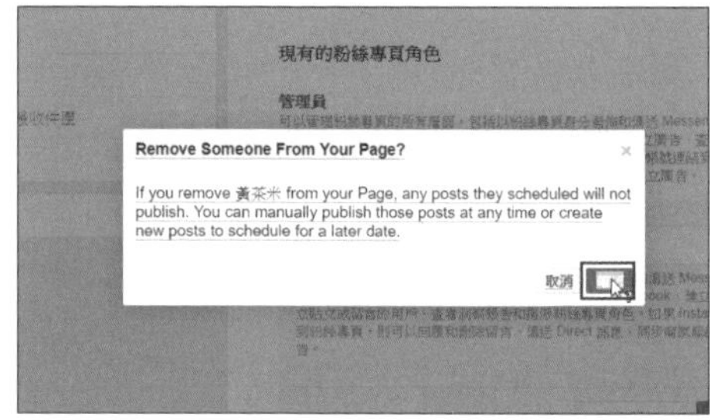

QUESTION 036

不同類別的粉絲專頁管理員的權限

Facebook 粉絲專頁管理員有五種不同的角色，各有不同的權限，分別說明如下：

	管理員	編輯	版主	廣告主	分析師
管理粉絲專頁的角色與設定	✓				
編輯粉絲專頁及新增應用程式	✓	✓			
以專頁身分建立和刪除貼文	✓	✓			
以專頁身分傳送訊息	✓	✓	✓		
回應和刪除粉絲專頁中的留言與貼文	✓	✓	✓		
從粉絲專頁移除和封鎖用戶	✓	✓	✓		
刊登廣告	✓	✓	✓	✓	
查看洞察報告	✓	✓	✓	✓	✓
查看誰以粉絲專頁的身分發佈內容	✓	✓	✓	✓	✓

設定專頁管理員的注意事項

在設定專頁管理員時請注意：

1. 一個專頁可以擁有的管理員並沒有數量限制。
2. 只有管理員可以更改管理員的角色，所有管理員預設都是總管理員。

小美人魚戳了你一下！

QUESTION 037

如何設定粉絲專頁的基本權限管理？

請進入 Facebook 粉絲專頁，接著選按 **管理員介面** 的 **設定** 頁籤 \ **一般** 選項進入設定頁，有些重要的設定先簡單說明如下：

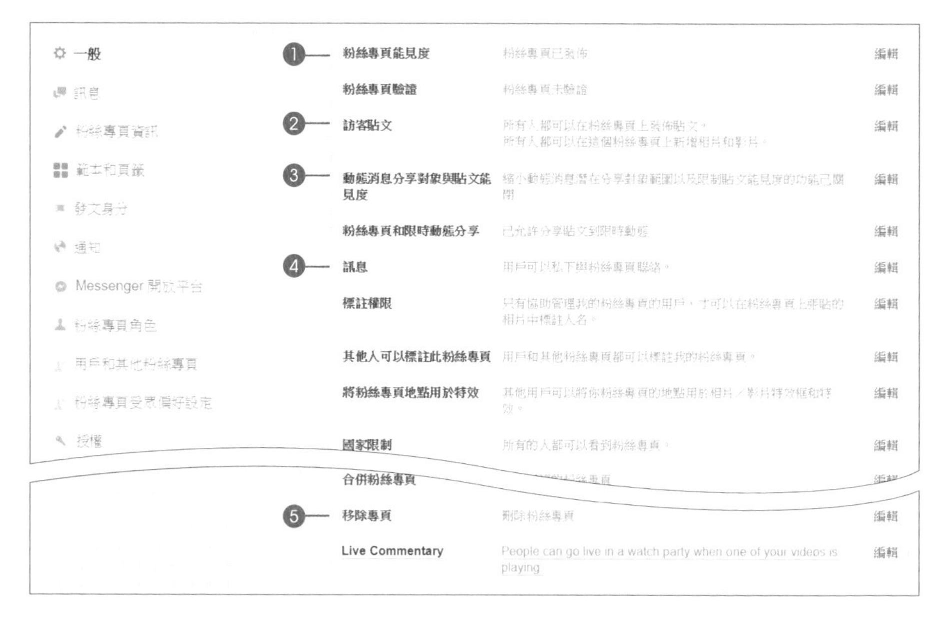

❶ **粉絲專頁能見度**：如果您的粉絲專頁資料還沒有準備好，或是要進行內容的調整，可以暫時關閉粉絲專頁，待完成內容準備之後，再重新讓粉絲專頁開張。

❷ **訪客貼文**：如果您不希望所有人都能在粉絲專頁上任意發文或貼圖，以控制專頁內容的品質，可以取消核選這二個選項。

❸ **動態消息分享對象與貼文能見度**：核選後在粉絲專頁左下方會顯示一個「訪客發文」方框來顯示貼文，如果取消核選就會隱藏該區域而不顯示。

❹ **訊息**：核選後在粉絲專頁的上方會顯示 **訊息** 鈕，其他人可以在按下後使用訊息功能與粉絲專頁的管理員聯絡。

❺ **移除專頁**：選按這個連結即可刪除粉絲專頁。

QUESTION 038

粉絲在專頁上的留言會顯示在哪些位置？

Facebook 粉絲專頁預設可以讓粉絲留言進行互動，但如果粉絲留言太踴躍會不會造成整個粉絲專頁的版面大亂呢？其實在粉絲專頁中您不用擔心會有其他人的留言影響了正文的顯示，因為預設狀況下，粉絲留言都會歸納到右方的 **訪客貼文** 區塊中，如此一來即使是不安好心的路人甲有不當言論時，都能集中在一個區塊裡處理，不會破壞粉絲專頁的氣氛。

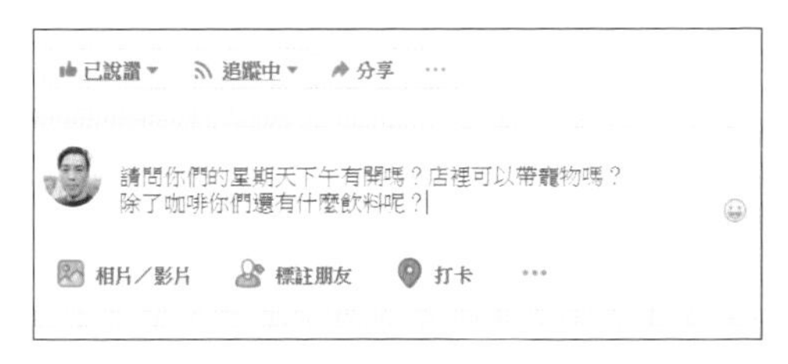

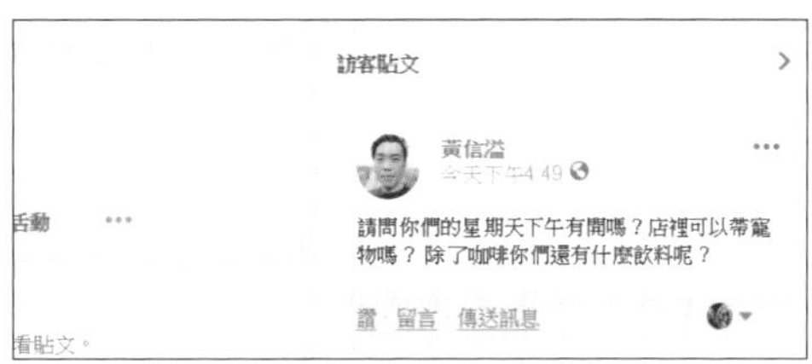

QUESTION 039

回覆及管理粉絲的留言

Facebook 粉絲專頁管理員能對於粉絲在專頁上發言的內容進行管理，設定方式如下：

01 管理員可以在 **訪客發文** 區域中看到這則留言，請按 **留言** 後就直接在留言下方的欄位輸入回覆內容，完成後按下 **Enter** 鍵即可送出留言。

02 針對發言不當的留言，管理者可以選按右上角的 ⋯ 鈕後選取 **從粉絲專頁刪除**，即可完成刪除的動作。

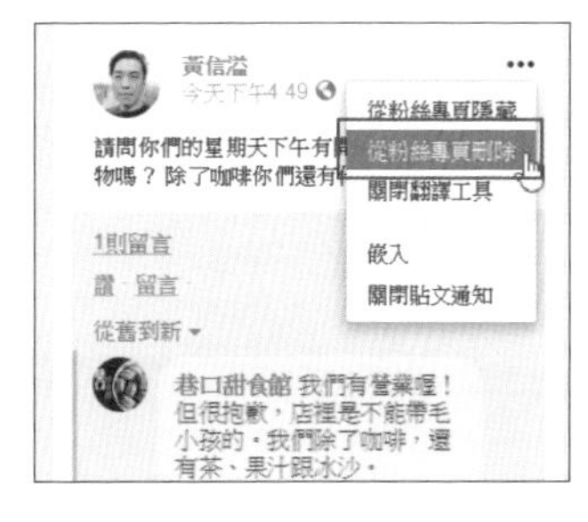

QUESTION 040

關閉或限制粉絲在專頁上發言的功能

Facebook 粉絲專頁預設是可以允許粉絲留言，甚至上傳相片與影片，如果您想要關閉粉絲的留言功能，設定方式如下：

01 請進入 Facebook 粉絲專頁，接著選按 **管理員介面** 的 **設定** 頁籤 \ **一般** 選項。

02 按下 **訪客貼文** 功能右方的 **編輯** 文字連結，預設核選「允許粉絲專頁的訪客發佈貼文」，若再核選「允許相片和影片貼文」就能讓訪客上傳相片與影片。若核選「在其他人發佈貼文到粉絲專頁前先進行審查」，任何人的貼文都必須經由管理員審核才能顯示。

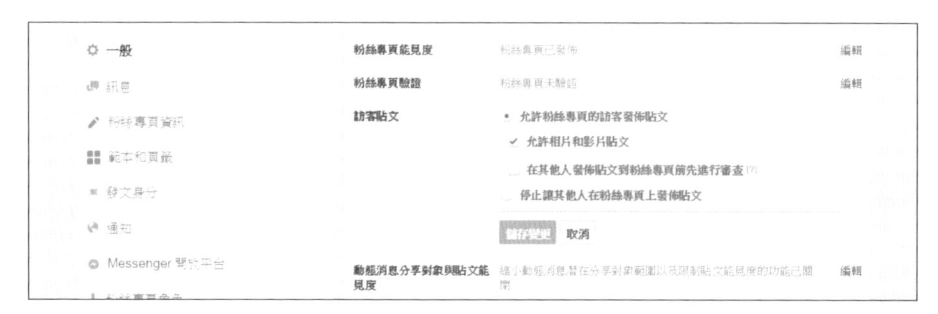

03 若核選「停止讓其他人在粉絲專頁上發佈貼文」選項，儲存設定後即可關閉留言的功能。

要 注 意

一次關閉粉絲留言的功能

如果取消核選「允許粉絲專頁的訪客發佈貼文」選項，不只關閉留言功能，即使其他選項都核選，在粉絲專頁上也不能上傳相片影片，也不會顯示 **訪客發文** 區塊。

小美人魚戳了你一下！

QUESTION 041

開啟或關閉粉絲專頁的訊息功能

Facebook 粉絲專頁上的訊息鈕，可以讓粉絲直接與管理員進行私下聯絡，除了能多個溝通管道，也能讓粉絲感到管理者經營的誠意。一般來講粉絲專頁的訊息鈕預設是開啟的，若是不見了要如何開啟呢？

01 請進入 Facebook 粉絲專頁，接著選按 **管理員介面** 的 **設定** 頁籤 \ **一般** 選項。

02 按下 **訊息** 功能右方的 **編輯** 文字連結，然後核選 **訊息** 的「顯示「發送訊息」按鈕，允許用戶私下與我的粉絲專頁聯絡 ...」，儲存後即可在頁面上顯示訊息的按鈕。

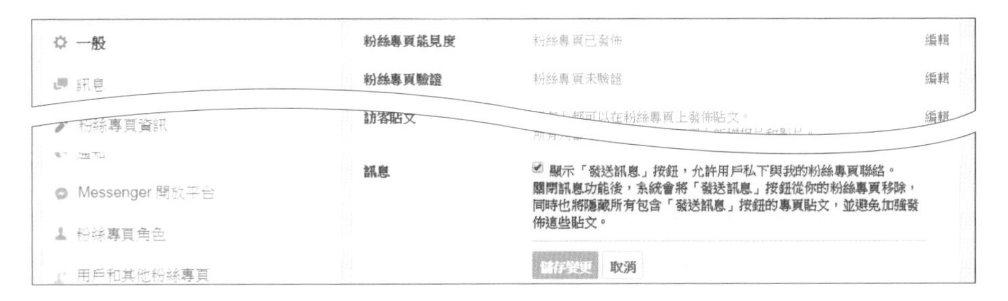

設定完畢後請以粉絲的身份登入，可以在粉絲專頁封面圖片的右下方看到 **傳送訊息** 鈕，選按後會開啟 **新訊息** 對話方塊。

如果你不希望使用訊息功能，只要選按 **管理員介面** 的 **設定** 頁籤 \ **一般** 選項，然後取消核選 **訊息** 的「顯示「發送訊息」按鈕，允許用戶私下與我的粉絲專頁聯絡 ...」即可。

QUESTION 042

回覆粉絲專頁的訊息

以下將要分享如何回覆及管理訊息：

01 請進入 Facebook 粉絲專頁後，選按 **管理員介面** 的 **收件匣** 頁籤 / **訊息** 選項，再選按要回覆的訊息。

02 在 **訊息** 的頁面中會顯示內容及留言粉絲的資料，您可以直接在下方的欄位中輸入回覆的文字，再按下 **發送** 鈕，即可完成回覆。

每則訊息都可以進行相關的處理：

1. ✓ **標示為已完成**：訊息會歸至 **完成** 資料夾。
2. ☆ **持續追蹤**：訊息會歸至 **持續追蹤** 資料夾。
3. ✉ **標示為未讀取**：可將目前的訊息還原為未讀訊息，可以提醒其他管理者閱讀。
4. ⓘ **標示為垃圾訊息**：訊息會歸至 **垃圾訊息** 資料夾並提交 Facebook 進行查核。
5. 🗑 **刪除對話**：訊息會被刪除。

QUESTION 043

訊息功能設定

Facebook 粉絲專頁可以允許多人共同管理，請進入 Facebook 粉絲專頁，選按 **管理員介面** 的 **設定** 頁籤 \ **訊息** 選項，即可看到目前訊息設定的狀況：

其中分為 **一般設定**、**回覆小幫手** 與 **預約訊息**。在 **一般設定** 中是針對於選寫訊息與其他鼓勵用戶使用訊息功能的設定。**回覆小幫手** 能為 Facebook 訊息功能加入一個簡易但實用的自動回覆功能，當粉絲透過訊息進行聯絡時，即可利用這個功能給予自動回覆的訊息並通知粉絲專頁管理員進行處理。當粉絲專頁有預約功能時可在 **預約訊息** 開啟提醒功能。

QUESTION 044

設定訊息預設的問題清單

當粉絲透過訊息與管理員進行聯絡時，為了讓粉絲問的明確，小編回的精準，你可以貼心的設定幾個常見的問題清單，縮短溝通的時間。

01 進入 Facebook 粉絲專頁，接著選按 **管理員介面** 的 **設定** 頁籤 \ **訊息** 選項，接著捲動到 **一般設定** 的區塊，啟動 **協助用戶開始與你的粉絲專頁對話**。

02 按下 **變更** 後即可在看到 Facebook 根據你的粉絲專頁類別預先建立的問題清單。

03 請依據需求建立你的問題清單，若數量不夠可以按下方的 **新增問題**。

04 完成後按 **儲存** 鈕。

要特別注意的是無論設置了多少個問題，系統僅會隨機挑選 2 到 4 個問題 (根據所建立的問題數) 顯示在訊息欄中供粉絲點選。

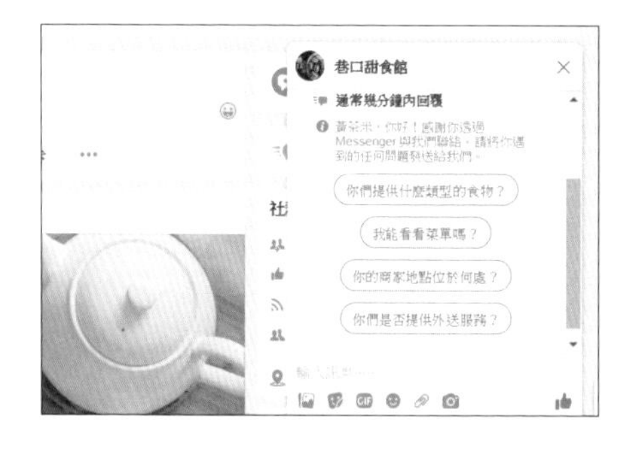

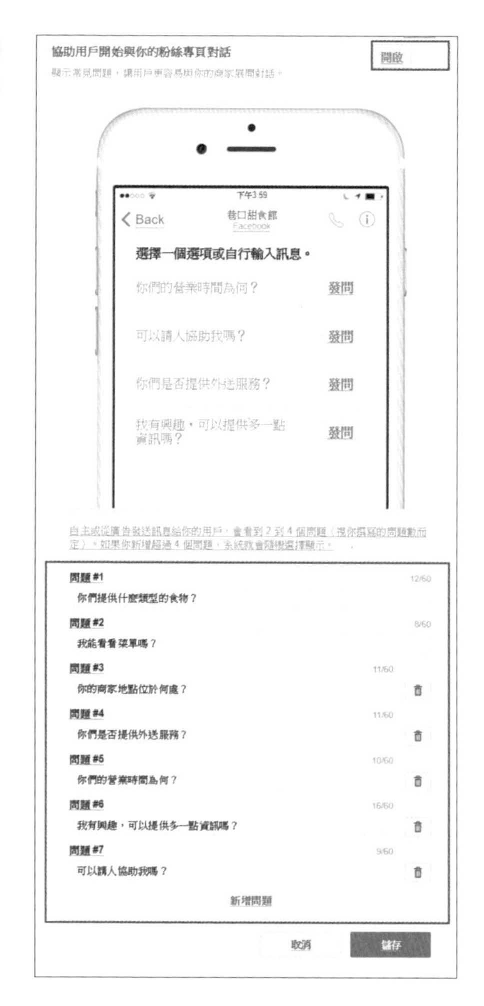

QUESTION 045

設定回覆小幫手功能

當粉絲透過訊息與管理員進行聯絡時，可以透過自動回覆訊息的功能顯示一段預設的內容，讓聯絡者知道粉絲專頁已經收到並進行處理，對於使用者滿意度的提升有很大的幫助。

回覆小幫手的基本設定

01 進入 Facebook 粉絲專頁，接著選按 **管理員介面** 的 **設定** 頁籤 \ **訊息** 選項，接著捲動到 **回覆小幫手** 的區塊，啟動 **顯示 Messenger 問候語**。

02 按下 **變更** 後即可在下方欄位輸入即時回覆的內容，上方會顯示自動回覆的預覽。

03 完成後按 **儲存** 鈕。

在回覆訊息加入個人化風格

如果在 Facebook 自動回覆訊息中加入一些個人化的資料，例如對方的姓名、粉絲專頁的服務電話或是地址等資訊，會讓回覆的內容更加親切實用。

01 啟動 **顯示 Messenger 問候語** 後，將游標移到回覆文字中要加入個人化風格資料的地方。

02 按 **客製化** 連結，選擇要加入的資料。以這個方式將所有想要使用的資料加入到回覆文字中，最後按 **儲存** 鈕完成設定。

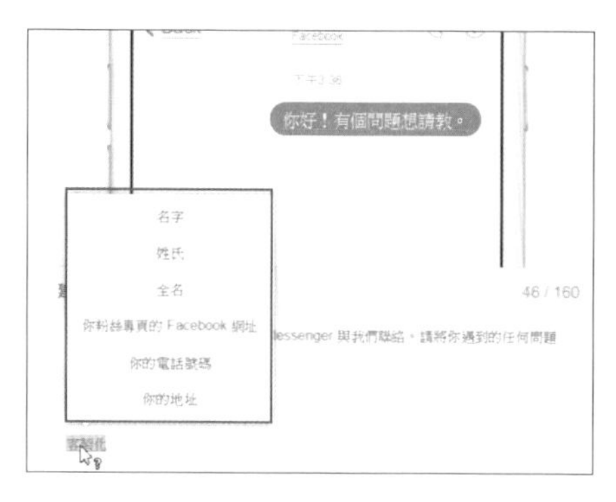

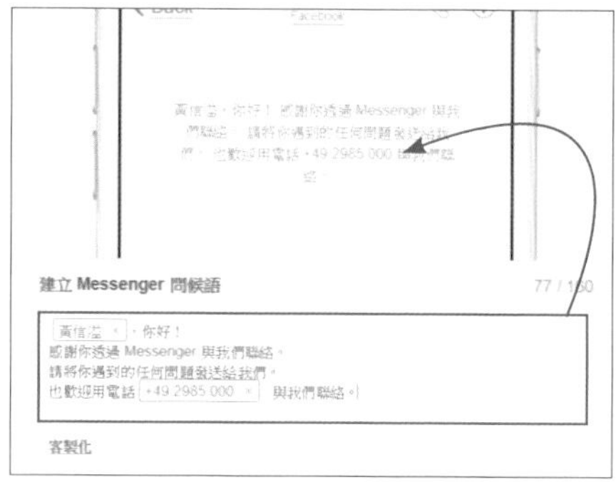

03 若要刪除加入的個人化風格資料，只要在欄位中加入資料的地方按 **x** 鈕即可刪除。

QUESTION 046

設定離線自動回覆與即時回覆

管理員大多不會 24 小時在線上 (最好也不要)，當粉絲透過訊息進行聯絡時，有可能會在管理員離線的時候。如果希望無論何時都能即時回應粉絲，此時可以善用即時與離線的自動回覆功能。

自動回覆的基本設定

01 選按 **管理員介面** 的 **收件匣** 頁籤 / **自動回覆** 選項。

02 在 **歡迎顧客** 下有二個選項：**離線自動回覆訊息** 及 **即時回覆**。

03 請依照需求設定 **離線自動回覆訊息** 及 **即時回覆**，並編輯不同狀況的回覆訊息。其中 **離線自動回覆訊息** 會根據管理員設定的離線時間或手動開啟離線狀態而啟動，可以在這裡直接啟動或關閉。

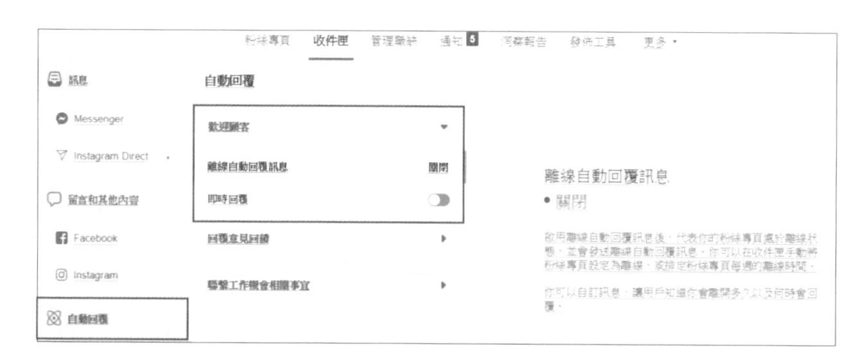

離線自動回覆訊息及即時回覆的使用時機

當設定 **離線自動回覆訊息** 後也啟動了 **即時回覆** 的內容，粉絲透過訊息進行聯絡時，如果是在管理員設定的離線時間，或是手動設定為離線狀態，Facebook 會以 **離線自動回覆訊息** 的內容進行回覆，否則將以 **即時回覆** 的內容進行回覆。

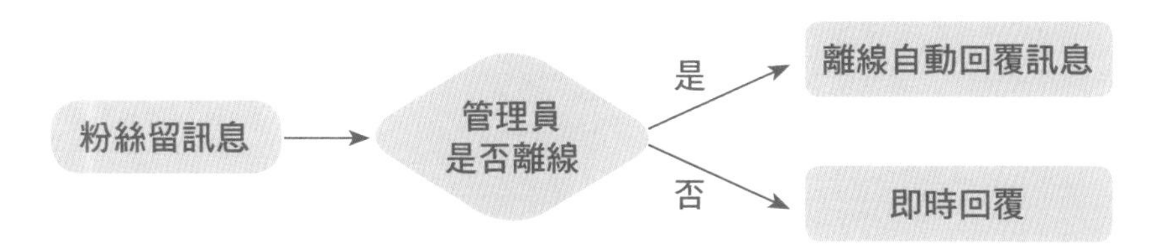

設定粉絲專頁的離線時間

管理員可以用下方二種方式設定離線時間：

01 選按 **管理員介面** 的 **收件匣** 頁籤 / **自動回覆** 選項。選按 **歡迎顧客** / **離線自動回覆訊息**，按下 **排定時間** 的 **編輯** 鈕。在 **時間** 中新增離線時間，並設定 **訊息**，最後按畫面右上角的 **儲存** 鈕。

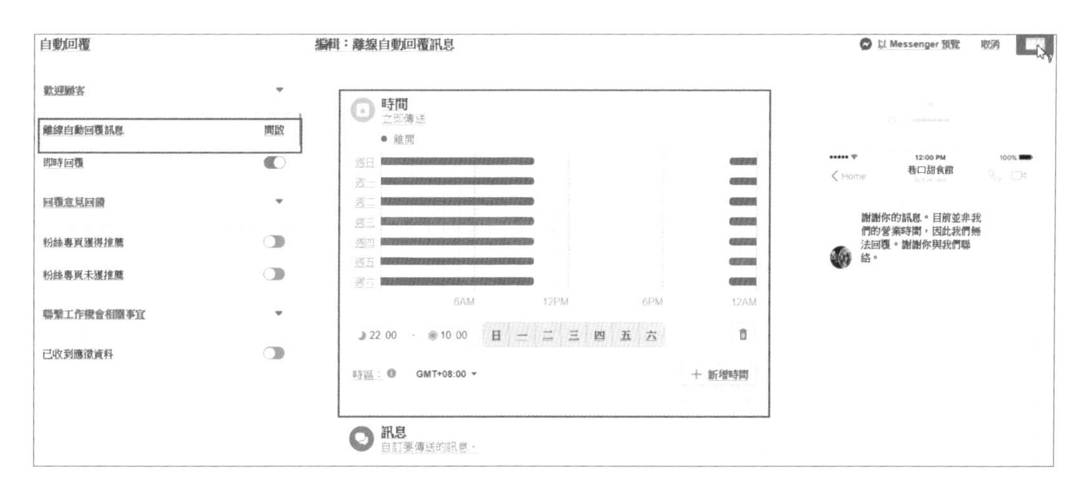

02 選按 **管理員介面** 的 **收件匣** 頁籤 / **訊息** 選項，按中間 上線中圖示切換到 **離開**。

QUESTION 047

管理者是否可以用訊息直接聯絡粉絲？

訊息的功能其實很像電子郵件，十分好用，除了保密性佳，能給粉絲專屬客服的感覺，又不會干擾粉絲團的運作，而且還能利用訊息與粉絲聯絡。

但是很抱歉，粉絲專頁的管理者無法直接用訊息聯絡粉絲，除非該粉絲曾經使用訊息的功能聯絡，管理者才能在訊息的窗格中用回覆的方式進行聯絡的動作。而且訊息的功能也沒有群發的功能，所以如果要通知聯絡過的粉絲訊息，就必須一一回信。

QUESTION 048

如何關閉類似的粉絲專頁推薦？

當自家的粉絲專頁被瀏覽並按讚的時候，也會顯示其他同類型的專頁清單，反之亦然。這樣的推廣曝光看似互利，不過也等於為其他專頁作嫁，容易造成同業競爭。如果您希望關閉該項功能，讓用戶不會看到這些同類型專頁，詳細的操作方式如下：

01 請進入 Facebook 粉絲專頁，接著選按 **管理員介面** 的 **設定** 頁籤 \ **一般** 選項。

02 按下 **類似的粉絲專頁推薦** 功能右方的 **編輯** 文字連結，然後取消核選「在粉絲專頁動態時報上推薦人們可能會喜歡的類似專頁時，將 [粉絲專頁名稱] 包括在內」，最後按 **儲存** 鈕即可。

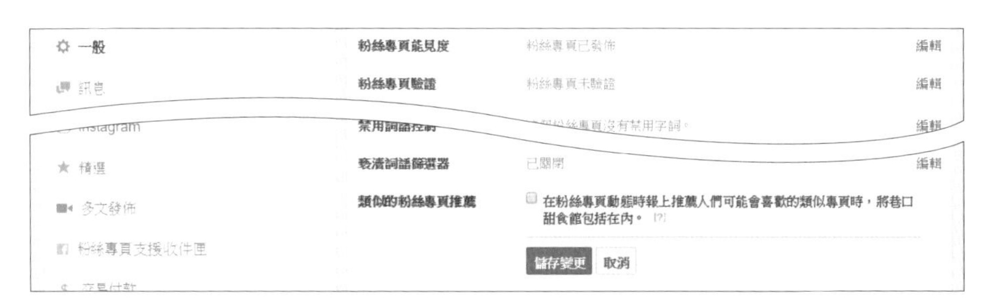

QUESTION 049

暫停粉絲專頁的顯示

如果因為要調整內容或其他原因要暫停 Facebook 粉絲專頁的顯示，設定方式如下：

01 請進入 Facebook 粉絲專頁，接著選按 **管理員介面** 的 **設定** 頁籤 \ **一般** 選項。

02 按下 **粉絲專頁能見度** 功能右方的 **編輯** 文字連結，然後核選「粉絲專頁未發佈」選項，按 **儲存變更** 鈕即可暫停 Facebook 粉絲專頁的顯示。

QUESTION 050

刪除 Facebook 粉絲專頁

Facebook 粉絲專頁是可以刪除的，但請務必注意，刪除專頁之後就無法復原了。

01 請進入 Facebook 粉絲專頁，接著選按 **管理員介面** 的 **設定** 頁籤 \ **一般** 選項。

02 捲動到頁面最下方，按下 **移除專頁** 功能右方的 **編輯** 文字連結，然後按下 **永久刪除 [粉絲專頁名稱]** 文字連結，在對話方塊按 **刪除** 鈕，即可完成。

QUESTION 051

如何限制留言出現特定字句或褻瀆詞語？

在粉絲專頁不希望出現某些褻瀆詞語可以使用篩選器，設定方式如下：

01 請進入 Facebook 粉絲專頁，接著選按 **管理員介面** 的 **設定** 頁籤 \ **一般** 選項。

02 按下 **禁用詞語控制** 功能右方的 **編輯** 文字連結，然後在欄位中輸入禁用字句，並用「,」逗號分隔，甚至可以將這些製作成 csv 檔案上傳，儲存設定後即可啟用限制功能。

03 按下 **褻瀆詞語篩選器** 功能右方的 **編輯** 文字連結，然後在欄位中設定篩選強度，儲存設定後即可啟用限制功能。

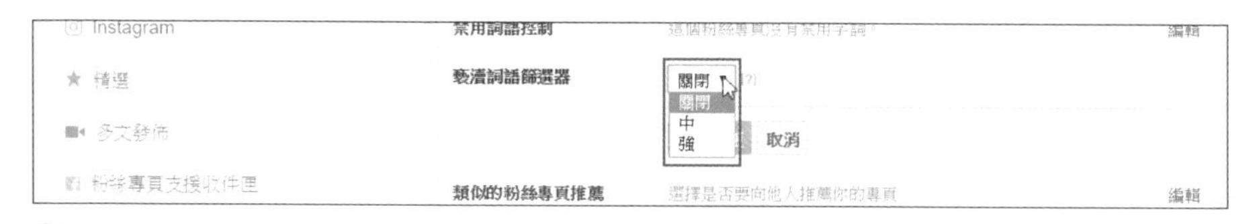

QUESTION 052

如何在粉絲專頁上啟用相片和影片的標註？

在粉絲專頁的預設中，粉絲無法對於上傳相片進行標註，開啟方式請參考下述步驟：

01 請進入 Facebook 粉絲專頁，接著選按 **管理員介面** 的 **設定** 頁籤 \ **一般** 選項。

02 按下 **標註權限** 功能右方的 **編輯** 文字連結，然後核選「允許其他人標註 [粉絲專頁名稱] 發佈的相片和影片」的選項，儲存設定後即可啟用相片標註的功能。

QUESTION 053

在不登入的狀態下也能看到粉絲專頁

在預設的狀態下，即使不是 Facebook 的會員也能看到粉絲專頁的頁面與內容，如此一來對於還沒加入 Facebook 的人來說，也不會錯過您粉絲專頁上的資訊。

但是如果在登出後即被導向 Facebook 首頁，而看不到粉絲專頁，即代表應該是該粉絲專頁設定了 **國家限制** 或 **年齡限制** 的特定條件，造成瀏覽限制。若想要解除這些限制，請您先以管理員的身份登入後，再依下述步驟來進行設定：

01 請進入 Facebook 粉絲專頁，接著選按 **管理員介面** 的 **設定** 頁籤 \ **一般** 選項。

02 在 **一般** 頁面中，請在 **國家限制** 欄位內，不要輸入任何國家名稱，再按 **儲存** 鈕。

03 請在 **年齡限制** 欄位內，選擇 **任何人 (13 歲以上)** 的設定，再按 **儲存** 鈕，即可解除全部的瀏覽限制。

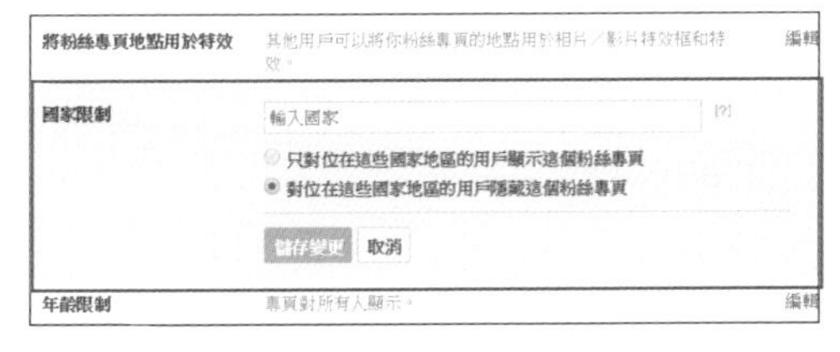

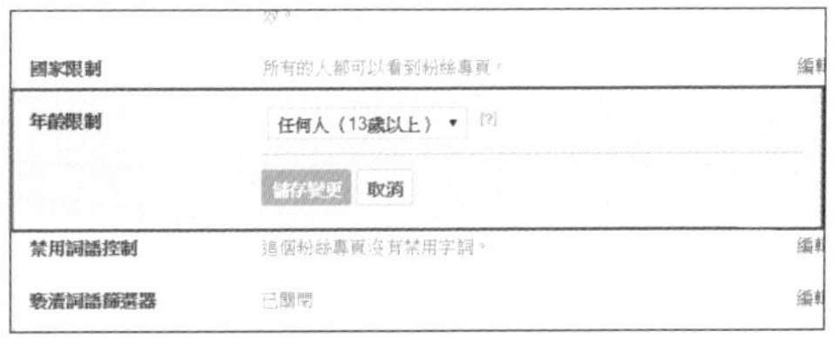

另外，如果您核選了 **粉絲專頁能見度**：「未發佈專頁」也會導致相同的結果喔，這是要特別注意的。

QUESTION 054

在粉絲專頁上顯示其他專頁的推薦

如果希望在粉絲專頁上可以顯示其他您有興趣的專頁，可以到其他專頁以粉絲專頁的身份按讚，再回到自己粉絲專頁的管理頁面中設定。粉絲即可以由您的專頁上看到您推薦的其他專頁。這個動作就可以將其他的粉絲專頁，推薦給目前的粉絲。

切換到粉絲專頁的身份按讚

面對這個功能您第一個想問的問題，應該是要如何以粉絲專頁的身份去按讚？

01 請先到要按讚的 Facebook 粉絲專頁，點選封面下方左方的 [...] 鈕，按功能表中的 **以粉絲專頁的身分說讚**。

02 在顯示的對話方塊中設定使用的粉絲專頁後按 **送出** 鈕即可完成。您可以繼續使用這個方式去其他專頁按讚。

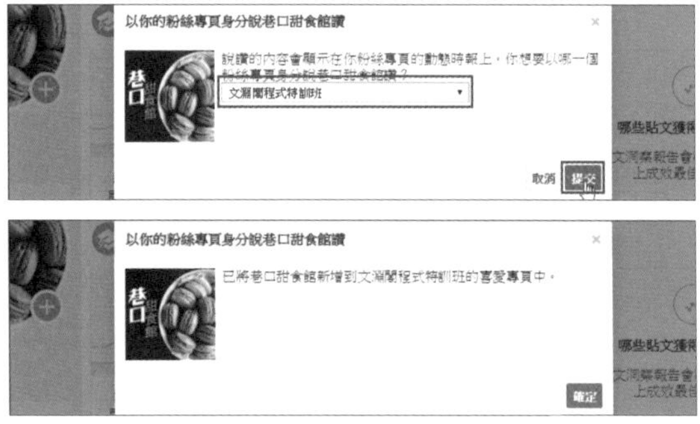

在粉絲專頁中設定喜愛的專頁

當您以粉絲專頁的身份去按讚之後，即可回到您的粉絲專頁中去設定喜愛的專頁。

01 請進入 Facebook 粉絲專頁，接著選按 **管理員介面** 的 **設定** 頁籤 \ **精選** 選項。

02 在 **精選** 設定頁面中，選按 **新增喜愛的專頁** 鈕。

03 在 **編輯喜愛的專頁** 對話方塊可以由清單中核選要顯示在頁面上的粉絲專頁，最後按 **儲存** 鈕，回到原頁面下方即可看到選項後會顯示專頁大頭貼的列表。

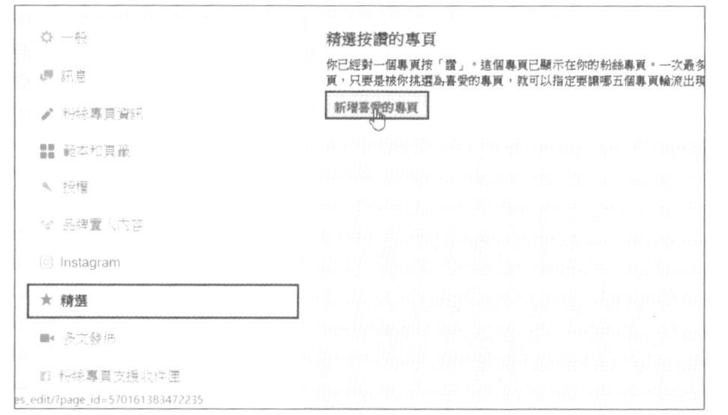

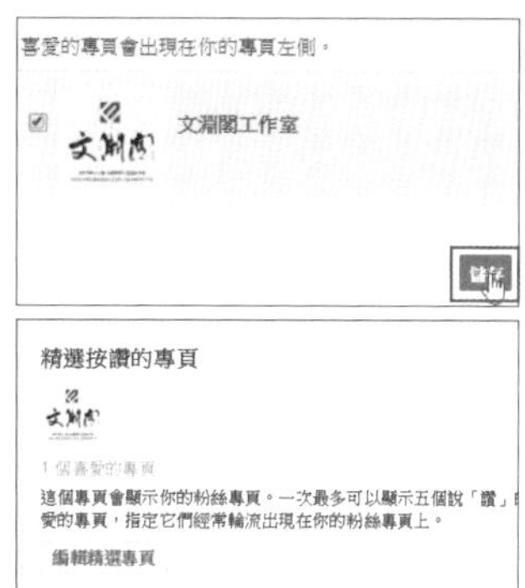

04 回到粉絲專頁的動態時報上，在右下方會出現 **此專頁按讚的粉絲專頁** 區塊會顯示我們剛才所選擇的專頁。粉絲可以藉由這個區塊的顯示，前往這些專頁。

說讚的內容區塊中可以顯示的專頁數

在粉絲專頁中您可以選擇所有想要顯示在 **此專頁按讚的粉絲專頁** 區塊上的專頁，但是每次顯示最多是五個專頁，且是以隨機的方式顯示。

小美人魚戳了你一下！

QUESTION 055

將個人帳號轉為粉絲專頁

許多人開始使用 Facebook 時都是以個人帳號進行申請，經營到一個程度之後可能達到朋友人數的上限 5000 人時，就會有發展上的瓶頸。於是有很多人都會再申請一個粉絲專頁，再重新培養粉絲的人數。其實您可以將個人的帳號直接轉為粉絲專頁呢！

將 Facebook 個人帳號轉為粉絲專頁的注意事項

將個人帳號轉換成粉絲專頁時，部份內容項目會自動轉移，整理如下：

- 所有確認的朋友及追蹤者都將會轉換成新粉絲專頁說讚的粉絲。
- 個人帳號使用的大頭貼照會成為粉絲專頁圖片。
- 個人帳號的用戶名稱將會成為粉絲專頁的用戶名稱。
- 申請者仍會是自己管理的 Facebook 粉絲專頁管理員。
- 原申請人動態時報上的內容，例如相簿、個人檔案資訊等，都不會轉移，所以請確保開始轉換前都已下載備份所有重要內容。

轉換前備份個人資料

在轉換帳號前，Facebook 強烈建議您必須要先備份個人資料。這個是 Facebook 內建的功能，操作上也十分簡單。

在 Facebook 備份功能中所下載的備份存檔中包含以下資料：

- 在 Facebook 已經分享過的相片或影片。
- 在動態時報上的貼文、訊息以及聊天室內的對話。
- 朋友的姓名以及他們的電子郵件地址。特別要注意的是：備份檔中只會包括這個帳號設定允許新增朋友的電子郵件。
- 備份的檔案格式有 json 或 HTML，方便使用者瀏覽或是匯入其他的服務中。

01 請進入 Facebook 要轉換帳號的個人頁面，接著選按右上角的 ▢ 鈕，在功能表中選按 **設定** 功能，接著選按 **你的 Facebook 資訊 / 下載資訊** 的 **查看** 連結。

02 進入頁面後請選擇要求副本的時間範例、類型、格式及媒體畫質等，最後按 **建立檔案** 鈕，系統即會開始製作副本檔案提供下載。

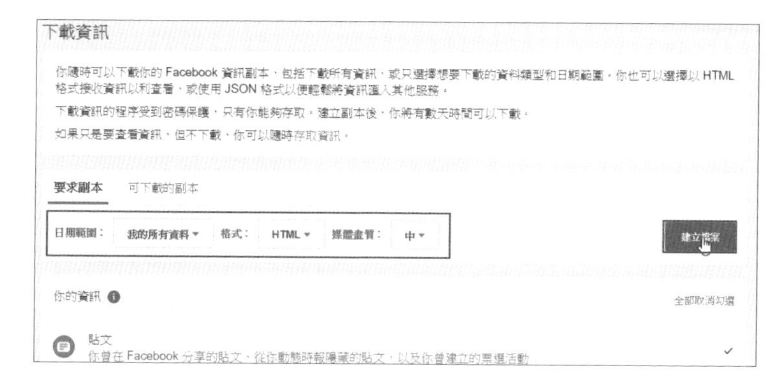

進行帳號轉換粉絲專頁的動作

請先登入要進行轉換的個人帳號後，再進入執行轉換粉絲專頁網址：「https://www.facebook.com/pages/create/migrate」頁面，按 **立即開始** 鈕進入引導畫面，選取要轉換的粉絲專頁類別、轉換的聯絡人及轉換相片影片後即可完成帳號的轉換。

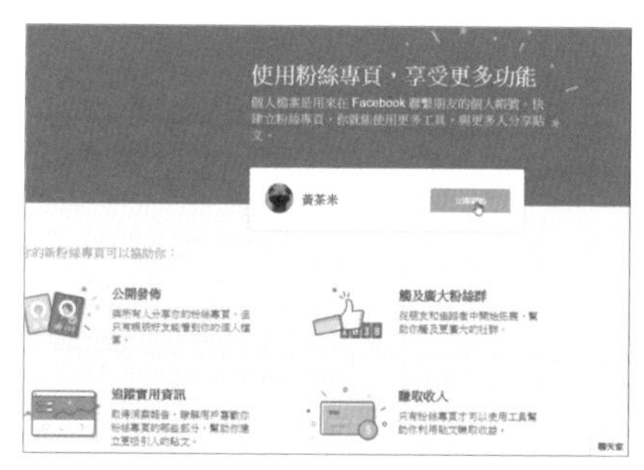

QUESTION 056

在相片單元進行相片及相簿管理

點選粉絲專頁左側的 **相片** 連結可以進入 **相片** 單元，這是 Facebook 最基本也最重要的功能，當您在粉絲專頁中發文貼上相片或相簿，都會匯整到這個單元中。

在單元頁面新增相片或相簿

在 **相片** 單元中會顯示相簿及相片，您可以利用 **建立相簿** 及 **新增相片** 的連結新增相片或相簿，或是選按不同相簿進入檢視或編輯，也可以直接點選相片進行編輯。

刪除相片

第一種方式：請先確定您擁有可以編輯照片的權限，在 Facebook 上單獨開啟照片，選按照片下方的 **選項 / 刪除這張照片** 即可。

第二種方式：進入 **相片** 單元後，將滑鼠移到要刪除的照片上，選按右上角的 ✕，在顯示的對話方塊按 **確定** 即可。

QUESTION 057

如何新增相簿？

相簿能有系統的整理 Facebook 中的影音資源，可使用貼文或在 **相片** 單元中產生。

01 請由 Facebook 粉絲專頁的貼文區下方選擇 **相片 / 影片** 後按 **建立相簿**，或進入 **相片** 單元後按 **建立相簿** 鈕。

02 在檔案總管的畫面選取要新增的相片後按 **開啟舊檔** 鈕，即會進入上傳的頁面，您可以在此設定相簿名稱與資訊，還有每一張相片的資訊，最後按 **發佈** 鈕。

QUESTION 058

調整相簿的順序

如果想要調整 Facebook 粉絲專頁的相簿排列順序，可以參考下述步驟：

01 請按應用程式區塊中 **相片** 連結，頁面捲動到 **相簿** 分類。

02 將滑鼠指標移到想要移動相簿的封面上，按住左鍵不放拖曳到想要的位置上再放開，即可完成調整的動作。

QUESTION 059

指定相簿使用的封面相片

如果想要指定相簿中某張相片做為相簿的封面，請依照下述步驟操作：

01 請按應用程式區塊中 **相片** 頁籤，再選擇 **相簿** 分類，接著再選取要設定的相簿進入詳細頁面。

02 移到要設定的相片後按右上角的 ✎ 鈕，再選按 **設為封面相片** 選項即可。

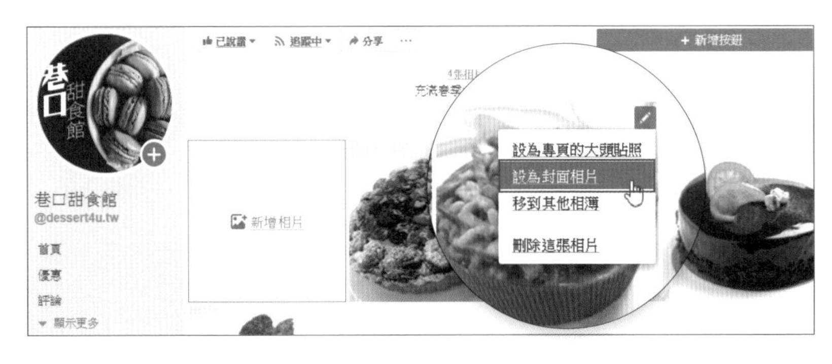

QUESTION 060

移動相簿中的相片到另一個相簿

如果想將相簿中的相片移到另一個相簿，可以參考下述步驟：

01 請按應用程式區塊中 **相片** 頁籤，再選擇 **相簿** 分類，接著再選取要設定的相簿進入詳細頁面。

02 移到要設定的相片後按右上角的 ✎ 鈕，再選按 **搬移到其他相簿**。

03 在顯示的對話方塊中選擇要移動前往的相簿名稱，最後按下 **移動相片** 鈕，即可完成相片移動的操作。

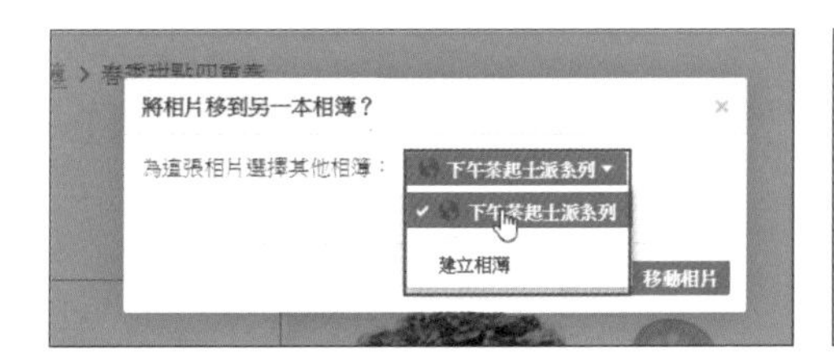

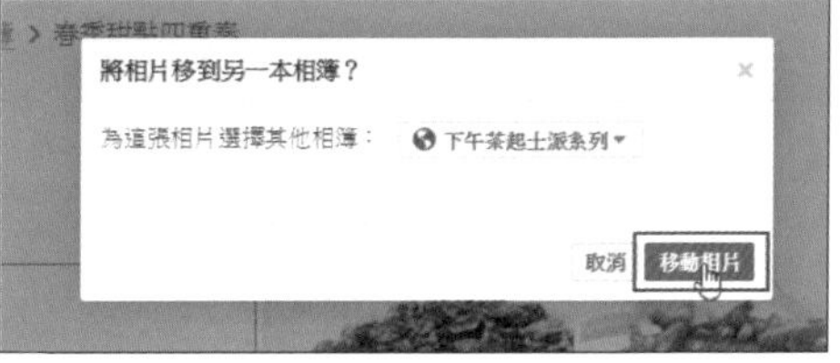

小技巧

個人帳號是否也能在相簿之間移動相片？

如果您要在個人的 Facebook 相簿裡移動相片，設定方式也是相同的。您可以參考以上的說明進行操作。

QUESTION 061

刪除相簿

在 **相片** 應用程式一次上傳多張照片即會自動形成相簿，但若要一次刪除整個相簿可別一張一張來，請依照下述步驟操作：

01 請按應用程式區塊中 **相片** 頁籤，再選擇 **相簿** 分類，接著再選取要設定的相簿進入詳細頁面。

02 按右上角功能表的 ··· 鈕，選按 **刪除相簿** 選項即可 。

QUESTION 062

下載整本相簿

你也可以下載整本相簿來儲存，請依照下述步驟操作：

01 請按應用程式區塊中 **相片** 頁籤，再選擇 **相簿** 分類，接著再選取要設定的相簿。

02 按右上角功能表的 ··· 鈕，選按 **下載相簿** 選項即可。此時會開啟下載程序的對話方塊，按下 **繼續** 鈕就能開始下載了喔！

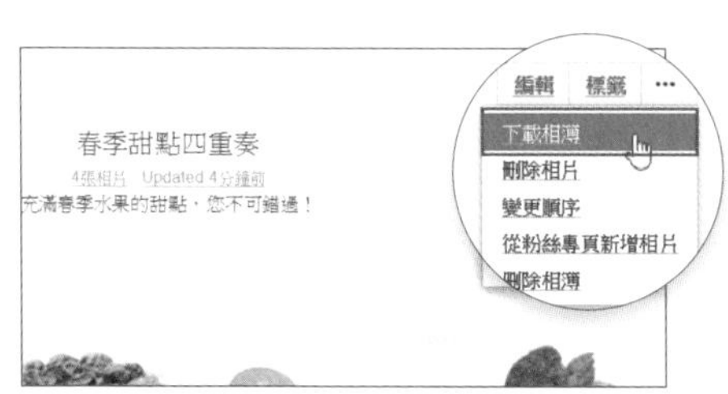

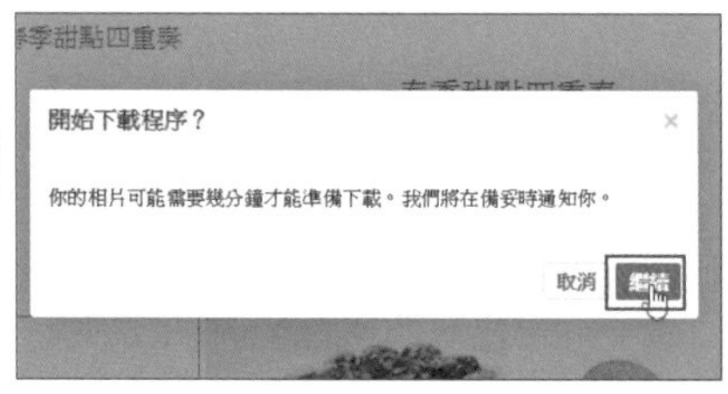

QUESTION 063

在影片單元進行影片管理

微電影的風行説明了影片的影響力有時比相片更具説服力，Facebook 提供內建的 **影片** 單元讓粉絲專頁可以放上影片，讓您的粉絲專頁有聲又有影，方式如下：

01 您可以在應用程式區塊中選按 **影片** 連結，選按 **新增影片** 鈕，選擇所需上傳的影片檔案。按下 **開啟舊檔** 鈕之後，影片將會開始自動上傳。雖然 Facebook 幾乎支援所有的影片檔案類型，但仍最建議使用 MP4 格式，而且影片比例需介於 16 : 9 或是 9 : 16 之間，時間最好能超過 3 分鐘。

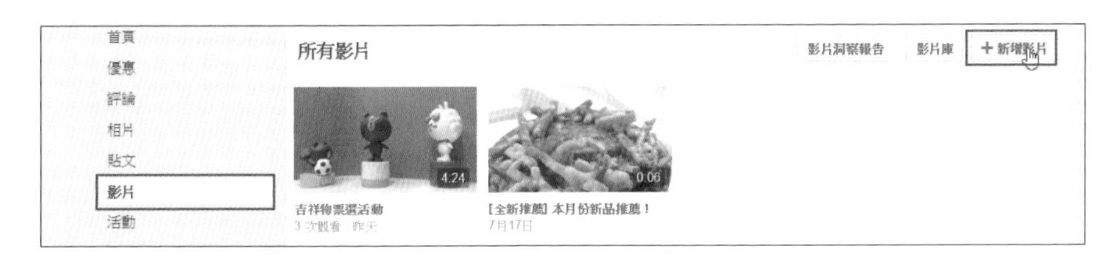

02 在影片上傳的同時，可以設定影片的 **基本資料**，並在上方輸入貼文，等到影片上傳完成後按 **發佈** 鈕，即可完成發佈。

03 完成發佈後，影片並不會直接發佈，系統必須先進行相關處理。完成後 Facebook 會顯示通知。

04 回到粉絲專頁後，在粉絲專頁的動態時報與 **影片** 頁面裡，都可以看到剛剛發佈的影片。

QUESTION 064

如何編輯已上傳的影片？

如果在影片上傳後想要進行相關的編輯，例如加上字幕，可以參考以下的處理方式：

01 在影片貼文的按右上角功能表的 ··· 鈕，選按 **編輯貼文** 選項開啟對話方塊。

02 在對話方塊中可選取右方的單元進行相關的編輯，如 **影片詳細資料**、**縮圖**、**播放範圍**、**Subtitles & Captions(CC)** 字幕、**票選活動** ... 等，最後按 **儲存** 鈕。

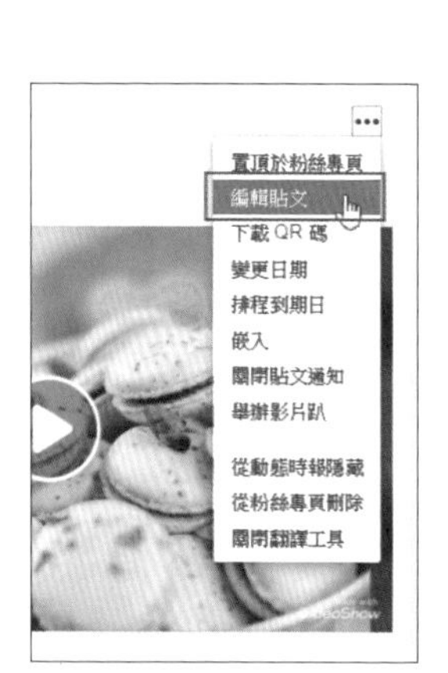

QUESTION 065

建立影片的播放清單

Facebook 的 **影片** 提供了播放清單的功能，管理者可以將同類型的影片整理在一起，讓粉絲能針對有興趣的主題進行瀏覽，方式如下：

01 請在應用程式區塊中選按 **影片** 頁籤，選按 **建立播放清單** 鈕，在 **建立播放清單** 對話方塊中輸入播放清單的 **標題** 及 **簡介** 後按 **下一步** 鈕。

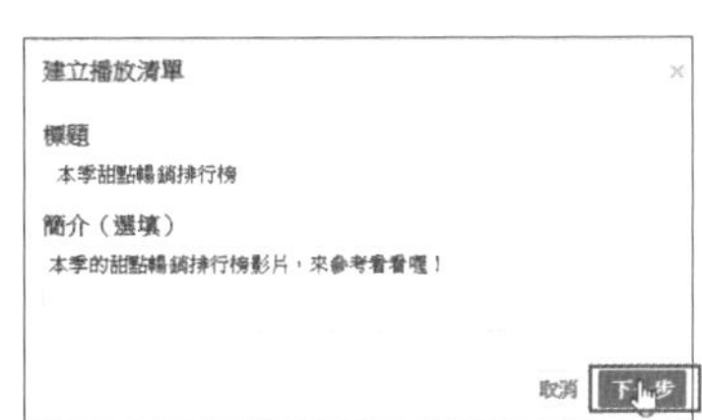

02 請在所有影片中選取要加入的影片後按 **下一步** 鈕。

03 接著要設定播放的順序，如右圖設定為 **自訂順序**，即可以使用滑鼠拖曳來調整，最後按 **建立播放清單** 鈕。

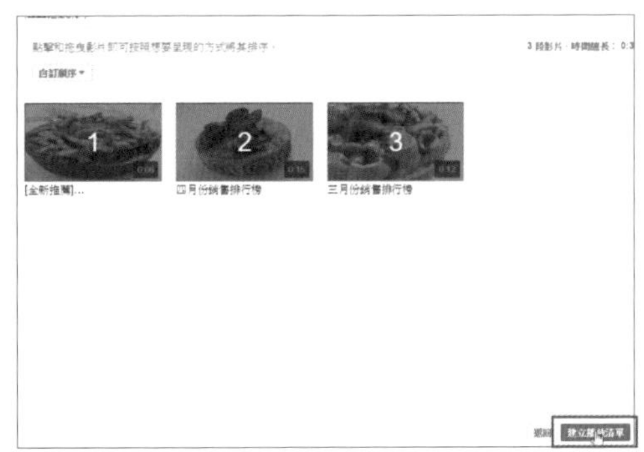

04 設定完畢之後回到頁面，即可看到 **播放清單** 中已顯示剛才加入的播放清單，如果要調整，管理者可以按右上角的 **編輯播放清單** 鈕進行編輯，可以執行 **更換影片**、**將影片重新排序**、**編輯標題** 及 **刪除播放清單**。

05 粉絲在專頁上進入 **影片** 單元頁面，選按 **播放清單** 旁的 **全部播放** 鈕，清單上的影片時會以全螢幕方式播放，右方會列示同一個播放清單中的影片可供切換，當影片播放完畢之後會繼續播放下一部影片。

QUESTION 066

新增精選影片

管理者可以在 Facebook 的 **影片** 中選擇一部主要推薦的影片，粉絲只要進入影片的頁面即可馬上注意到，設定方式如下：

01 請在應用程式區塊中選按 **影片** 頁籤，選按 **選擇影片** 鈕，在對話方塊中選擇一段要設為精選的影片，最後按 **新增精選影片** 鈕。

02 設定完成後，粉絲在專頁上進入 **影片** 單元頁面後，即可在最上方看到這段精選影片的詳細介紹，增加觀看曝光的機會。

03 在 **影片** 單元頁面中只能選取一段精選影片，建議管理者可以定期更換。管理者可以按右上角的 ✎ 鈕選按 **變更精選影片** 進行更改。

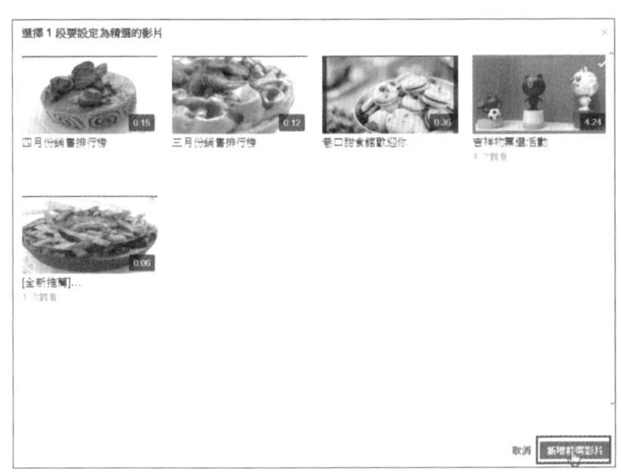

QUESTION 067

以訪客的角度檢視粉絲專頁

當你在粉絲專頁設定了許多功能之後，是否會想知道若是一般訪客瀏覽你的粉絲專頁時的樣子嗎？設定方式如下：

01 請使用封面下方左側的 [...] 鈕，按功能表中的 **以粉絲專頁訪客的角度檢視**。

02 設定完成後會重新回到粉絲專頁，在上方會顯示訊息表示目前為訪客檢視的狀態，可以按 **切換回你的檢視畫面** 回到管理模式。

QUESTION 068

在粉絲專頁上更改貼文身份

當進入自己管理的粉絲專頁時，預設是以粉絲專頁的帳號做為貼文的身份。若要修改可以參考以下步驟：

01 請進入 Facebook 粉絲專頁，選按 **管理員介面** 的 **設定** 頁籤 \ **發文身分** 選項。

02 你可以選擇以管理員或是個人的身份來發佈貼文。

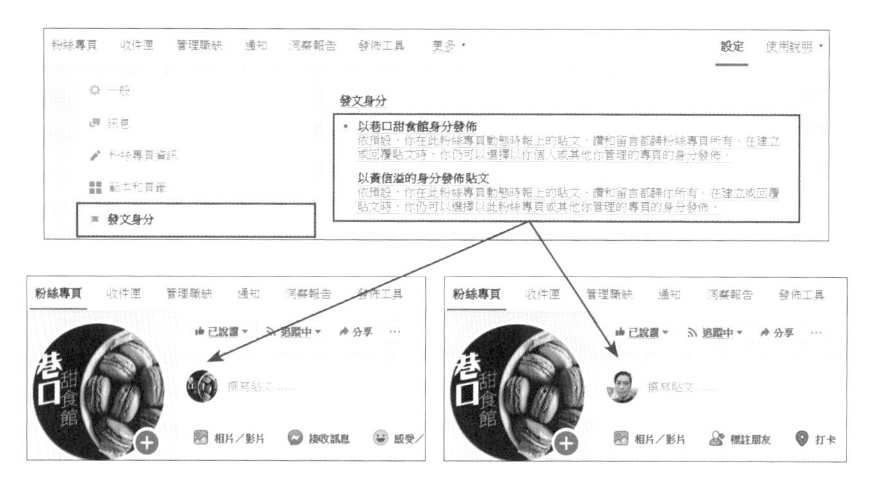

如果是回應貼文，除了可以直接用官方帳號回應，也可選按貼文欄右下角的大頭貼圖示，在功能表中選擇個人帳號，即可用個人帳號來建立貼文，您可用相同的方式切換回以專頁身份張貼內容。

霸氣開「讚」
讓粉絲專頁加開社交外掛

QUESTION 069

什麼是粉絲專頁的社交外掛程式？

許多人在經營官方網站或部落格的同時，同時也經營著 Facebook 粉絲專頁。如何讓這二方的人潮能匯流，是許多經營者的夢想。透過 Facebook 粉絲專頁的社交外掛，讓使用者在瀏覽網頁的同時，能在瀏覽文章時按讚，也能分享網站的內容，當然還可以加入粉絲專頁，與你在社群網站中互動。

如何找到 Facebook 社交外掛？

請由「https://developers.facebook.com/docs/plugins/」進入網站，選按左方的 **社交外掛程式** 項目，會開啟所有可以使用的社交外掛，選取設定後在右方會顯示說明及設定的畫面。

Facebook 社交外掛有哪些？

您應該常看到 Facebook 的社交外掛與外部網站相關的功能，只要是擁有 Facebook 帳號的會員都能在設定之後應用在自己的網站上。這些常用的外掛功能有：

- **「讚」按鈕**：這就是我們常看到文章或網頁可以按讚的按鈕，它預設會與**「分享」鈕**一起顯示，按讚之後會將目前的網頁或文章的連結與簡述顯示在粉絲個人的動態時報上，對於網站或是內容的推廣非常有效，是大家最喜歡放的社群按鈕。
- **「分享」鈕**：將指定的網頁或連結，分享在自己或朋友的塗鴉牆，以及自己參與的社團、有管理權限的 Facebook 粉絲專頁，或是以私人訊息分享給指定的朋友。
- **「儲存」鈕**：這個按鈕能將指定的網頁或連結儲存至 Facebook 上的私人清單，並與朋友分享清單、接收相關通知。
- **引文外掛程式**：在網頁上加入引文外掛程式，能將網頁上所選取的文字區塊分享到 Facebook 上都作引文。
- **內嵌貼文**：將 Facebook 上公開的貼文嵌入自己的網頁或部落格當中。嵌入的內容除了貼文本身，還包括以下的留言及回應留言。
- **內嵌留言**：將 Facebook 上公開貼文下的留言嵌入自己的網頁或部落格當中。嵌入的內容除了貼文本身，還包括以下的留言及回應留言。
- **內嵌影片**：將 Facebook 上公開的影片嵌入自己的網頁或部落格當中。
- **粉絲專頁外掛程式**：能在網頁或部落格上輕鬆的嵌入任何你想推廣宣傳的 Facebook 粉絲專頁區塊，其中可以包含 Facebook 粉絲專頁的封面、按讚的朋友、最新貼文 ... 等，瀏覽者可以在不離開網頁的狀態下對 Facebook 粉絲專頁按讚或是瀏覽貼文。
- **留言**：這是一個可以直接放在頁面中提供 Facebook 會員留言的功能，對於管理者來說十分方便，因為可以在不花時間力氣的情況下即能快速獲得一個結合 Facebook 會員的留言版。

QUESTION 070

是否有建議申請的免費網站服務？

很多人在擁有了 Facebook 粉絲專頁後，還是希望建立專屬的官方網站或是部落格，如果有官方的資訊及新聞時能有一個正式的網站可以發佈，對於企業或是公司也較具有專業的形象。但是要架設一個網站其實有很多的考量，無論是網頁製作、網域名稱、主機架設、維護管理，都是困擾經營者的問題，也會帶來不小的壓力。是否有一些免費的網站服務，能夠在短時間內製作出一個專業且功能強大的網站呢？

這個要求看起來有點「又要馬兒好，又要馬兒不吃草」的味道，不過還真的有不少這樣的服務。以下將介紹幾個免費的網站建置服務，想要進一步擴大經營的版圖時，您可以參考看看：

Blogger (www.blogger.com)

Blogger 是由 Google 提供的網誌服務，只要擁有 Google 帳號的人就能使用。Blogger 在建置網誌時十分簡單，使用者透過內建的流程及樣板，即可製作出功能完整的網站。網路上更提供了許多豐富的資訊，讓管理者能夠自訂自己的作品。

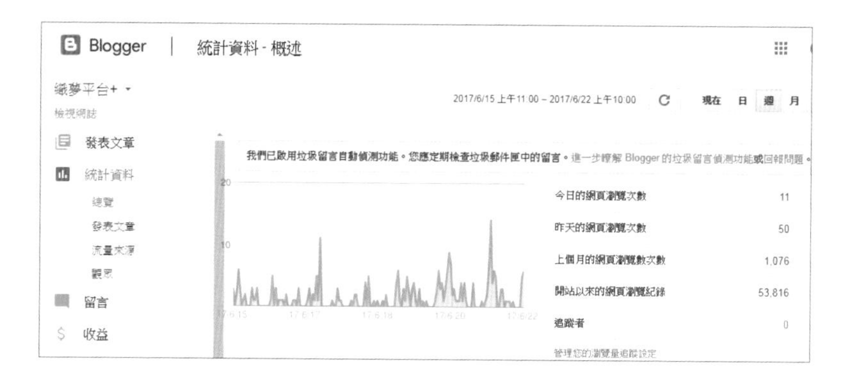

Weebly (www.weebly.com)

Weebly 是一個免費的網路服務，使用者只要申請帳號，在登入後就能利用瀏覽器在 Weebly 的線上編輯器進行網頁的製作。過程中不用輸入任何程式代碼，搭配內建專業的網頁模版，就能在極短的時間內完成一個外型美觀、功能強大的網站。

QUESTION 071

加入社交外掛程式的方式？

Facebook 提供加入社交外掛程式的方式，基本上有二個方法：

1. Javascript SDK：首先要在網頁一開始處（一般是在 <body> 標籤後）加入 Javascript SDK 的程式原始碼來啟動功能，接著再將程式原始碼加在網頁中要顯示的地方。這個方式比較複雜，但有些社交外掛程式只允許使用這個方式。

2. iFrame：Facebook 將所有的程式濃縮放置在 <iframe> 標籤中，只要將產生的程式原始碼插入到網頁中要顯示的地方，即可將功能嵌入到網頁之中。這個方式較為單純，以下的社交外掛程式如果沒有特別規定，基本上都會使用這個方式進行說明。

QUESTION 072

如何取得 Facebook 貼文的網址連結？

在設定粉絲專頁的社交外掛程式時，如內嵌貼文、留言、影片、活動 ... 等，都必須要先取得這些內容的連結。取得的方式如下：

01 請選按貼文中的日期或時間連結。

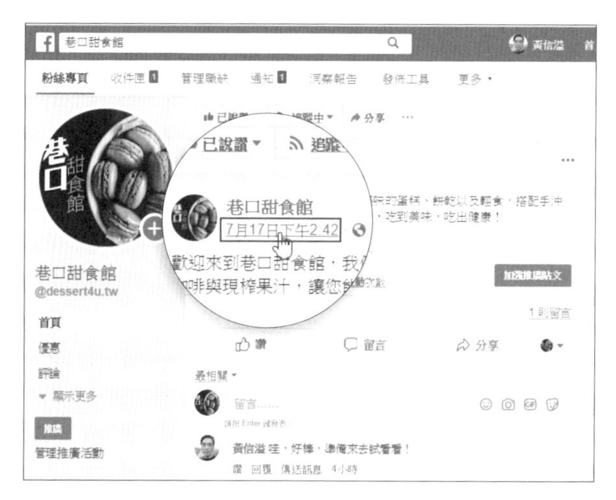

02 當連結開啟了新的頁面時，該瀏覽器網址列中的連結即為該內容的網址。

其實不只是貼文，其他如貼文的留言、相片、相簿、分享、活動或影片，點選標題下的日期或時間連結，即可取得該內容的連結。

QUESTION 073

在網頁的內容裡加上「讚」按鈕

Facebook 的流行帶起了按讚分享的風潮，您希望在自己網站重要的內容上加個按讚的按鈕，讓瀏覽者可以快速的將網站的資訊分享在他們自己的塗鴉牆上嗎？建議您可以安裝 Facebook 的「讚」按鈕社交外掛，就可以為您的網站內容加上分享的通道。

「讚」按鈕設定表單說明

請由「https://developers.facebook.com/docs/plugins/like-button/」進入設定畫面。在頁面中可以看到設定的表單，在表單下方即是預覽結果的地方。

1. **按讚的網址**：要加入按讚鈕的網址，預設會使用目前所在頁面的網址。
2. **Width**：外掛程式的寬度 (僅限標準版面)。
3. **版面設計**：外掛顯示的版面，預設為 **standard**。
4. **動作類型**：按鈕按下時的動作，預設是 **like**。
5. **按鈕大小**：按鈕的尺寸，預設是 **small**。
5. **顯示朋友的大頭貼照**：核選後會在按鈕下方顯示已經按讚的朋友頭像。
6. **包含分享按鈕**：核選後會在按鈕後加入「分享」鈕。

還有許多進階的設定方式，可以參考以下說明修改產生的程式碼參數即可。

加入 Facebook 社交外掛的程式碼

設定完表單後，接下來要將「讚」按鈕的程式碼加在一般網頁上，設定完表單後按表單下的 **取得程式碼** 鈕，即會顯示「讚」按鈕的加入程式碼。Facebook 的「讚」按鈕社交外掛程式碼，同時提供 Javascript SDK 及 IFrame 二種加入方式，這裡以較單純的 IFrame 來進行說明。

01 請選取 **IFrame** 連結，複製下方自動產生的程式碼。

02 開啟編輯的網頁，將它貼到要顯示的位置上。

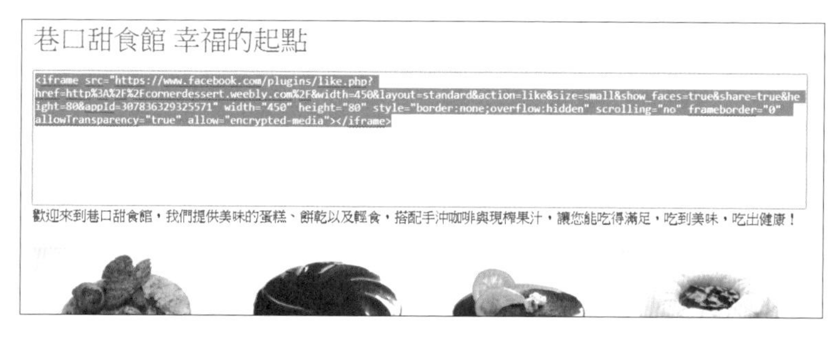

完成後請儲存檔案重新發佈，您可以看到原來頁面顯示了「讚」按鈕及「分享」按鈕，按讚後即會顯示相關訊息，也能分享到瀏覽者的個人動態時報上。

QUESTION 074

在網頁的內容加入「分享」按鈕

請由「https://developers.facebook.com/docs/plugins/share-button」進入設定畫面。

01 在頁面中可以看到設定的表單，在表單下方即是預覽結果的地方，**分享的網址** 請填入分享的網址，設定完表單後按表單下的 **取得程式碼** 鈕。

02 請選取 **IFrame** 連結，複製下方自動產生的程式碼。

03 開啟編輯的網頁，將它貼到要顯示的位置上。

完成後請儲存檔案，您可以看到原來頁面顯示了加入「分享」按鈕。

QUESTION 075

在網頁的內容加入「儲存」按鈕

請由「https://developers.facebook.com/docs/plugins/save」進入設定畫面。

加入儲存按鈕 Facebook 社群外掛

儲存按鈕可以讓使用者將商品或服務儲存至 Facebook 上的私人清單，並與朋友分享清單、接收相關通知。

01 首先要加入 Facebook 社群外掛的 Javascript SDK，如果一個頁面要加入多個社群外掛，也只要載入一次 Javascript SDK 即可。請複製 Javascript SDK 程式碼，開啟要編輯網頁的原始碼，將複製的內容貼到 <body> ... 標籤之後。

02 複製「發送」按鈕社群外掛的程式碼，開啟編輯的網頁，將它貼到要顯示的位置上。

如果不知道要如何佈置，其實可以將二個程式碼貼在一起。

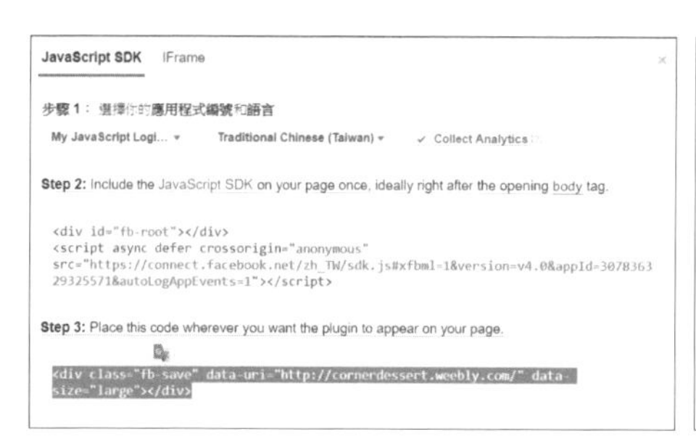

完成後請儲存檔案，您可以看到原來頁面顯示了「儲存到 Facebook」按鈕，按下後即會將該頁面儲存到您 Facebook 的珍藏私人清單中。

QUESTION 076

在網頁內嵌 Facebook 貼文

請由「https://developers.facebook.com/docs/plugins/embedded-posts」進入設定畫面。在頁面中可以看到設定的表單，在表單下方即是預覽結果的地方，**貼文的網址** 請填入 Facebook 貼文的網址，設定完表單後選按表單下的 **取得程式碼** 鈕，請選取 **IFrame** 連結，複製下方自動產生的程式碼。

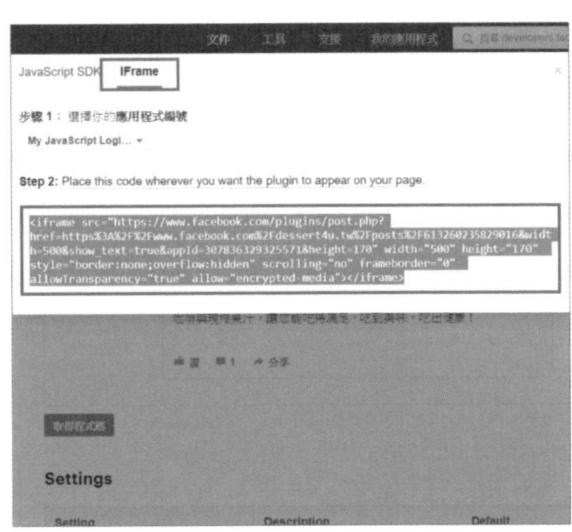

請開啟網頁原始碼，將程式碼貼到要顯示的位置。完成後請儲存檔案，你可以看到原來頁面顯示了嵌入的貼文，嵌入的內容除了貼文本身，還會包括以下的留言及回應留言。

QUESTION 077

在網頁內嵌 Facebook 影片

請由「https://developers.facebook.com/docs/plugins/embedded-video-player」進入設定畫面。在頁面中可以看到設定的表單，在表單下方即是預覽結果的地方，**影片的網址** 請填入 Facebook 影片的網址，設定完表單後選按表單下的 **取得程式碼** 鈕。請選取 **IFrame** 連結，複製下方自動產生的程式碼。

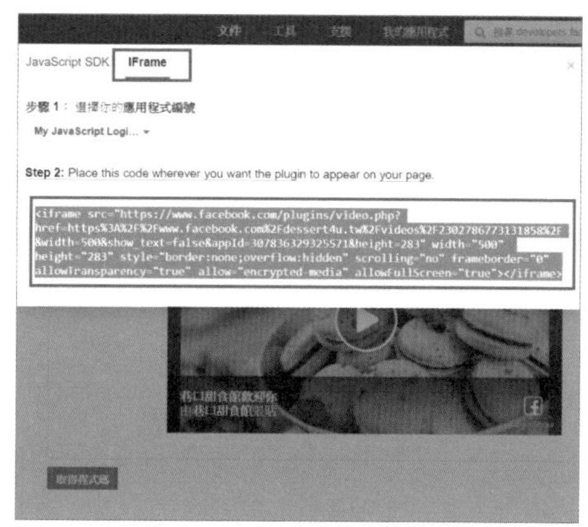

請開啟網頁原始碼，將程式碼貼到要顯示的位置。完成後請儲存檔案，你可以看到原來頁面顯示了嵌入的影片。

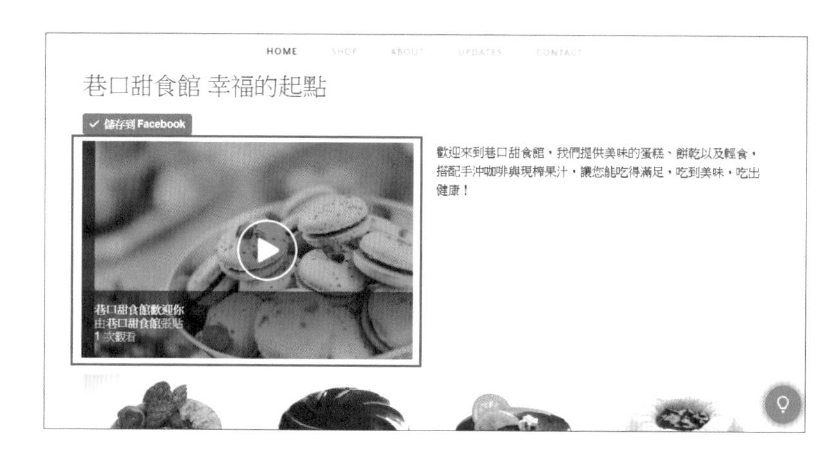

QUESTION 078

另一種取得貼文與影片嵌入碼的方法

在瀏覽時若想要將某一則貼文嵌入自己的網頁中，只要按下該則貼文右上角的 ⋯，在選取 **嵌入** 後會顯示嵌入貼文對話方塊，即可複製其中的程式碼貼到自己的網頁中。按下 **顯示預覽** 的連結會在下方顯示嵌入的結果，**進階設定** 連結可進入詳細設定的頁面。

若想要將某一個影片嵌入自己的網頁中，只要按下該影片右上角的 ⋯，選取 **嵌入** 後會顯示嵌入影片對話方塊，即可複製其中的程式碼貼到自己的網頁中，按 **進階設定** 連結可進入詳細設定的頁面。

QUESTION 079

用粉絲專頁外掛程式在網站顯示按讚窗格

粉絲專頁外掛程式是要在自己的官方網站或部落格中推廣粉絲專頁的重要利器。這個外掛程式中可以看到設定的粉絲專頁累積的粉絲人數，甚至可以看到粉絲專頁的最新動態，當瀏覽者想要立刻加入，也只要按個讚就能完成！

粉絲專頁外掛程式設定表單說明

由「https://developers.facebook.com/docs/plugins/page-plugin」進入設定畫面。在頁面中可以看到設定的表單，在表單下方即是預覽結果的地方，詳細說明如下：

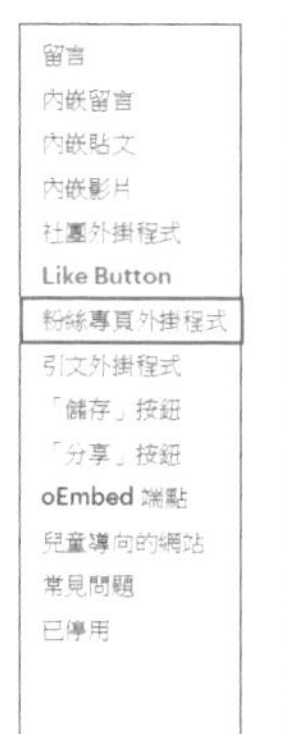

1. **Facebook 粉絲專頁網址**：要加入粉絲專頁的網址。
2. **頁籤**：設定粉絲專頁要顯示的內容，timeline 為動態時報貼文的預設值，其他如 events 為活動內容，messages 為留言內容，若不顯示請保留空白。
3. **寬度、高度**：顯示區域的寬度及高度。
4. **使用小型頁首**：核選後會顯示較小的表頭。
5. **隱藏封面相片**：核選後會隱藏封面照片。
6. **搭配外掛程式容器寬度**：核選後插入時會以該區域的上層容器寬度為顯示寬度。
7. **顯示朋友的大頭貼照**：核選後會顯示朋友的頭像。

使用粉絲專頁外掛程式注意事項

在設定粉絲專頁外掛程式時要注意，它的功能是要為粉絲專頁匯集人氣，所以一定要先申請好粉絲專頁後再設定使用，否則第一項粉絲專頁的網址欄位就無法設定了。還有許多進階的設定方式可以參考以下的說明，可以視需求設定它的長寬、框線、配色與標題，修改產生的程式碼參數即可，讓它能更融入網站。

粉絲專頁外掛程式加入的方法

設定完表單後選按表單下的 **取得程式碼** 鈕。請選取 **IFrame** 連結，複製下方自動產生的程式碼。請開啟網頁原始碼，將程式碼貼到要顯示的位置。

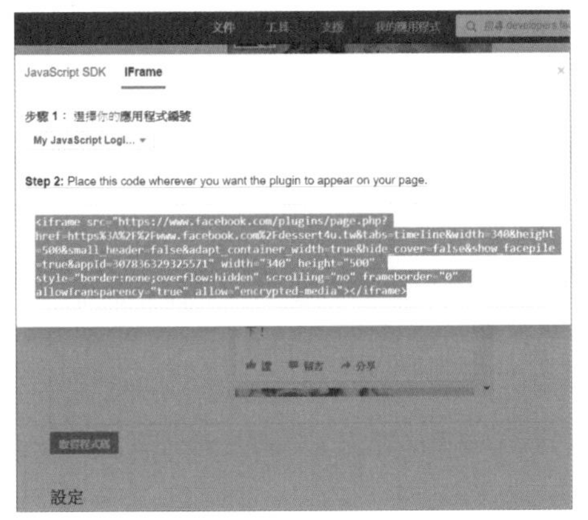

完成後請儲存檔案，你可以看到頁面顯示了粉絲專頁外掛程式。

QUESTION 080

用 Facebook 留言快速架設留言版

Facebook 的留言社交外掛程式是為了讓 Facebook 的使用者能快速為設定的頁面加入自己的評論。也因為這個特性，許多人就將這個功能化為網站的專屬留言版，設定上不僅方便，功能也非常實用喔！

留言設定表單說明

由「https://developers.facebook.com/docs/plugins/comments」進入設定畫面。在頁面中可以看到設定的表單，在表單下方即是預覽結果的地方，詳細說明如下：

1. **回應的網址**：要加入留言的頁面網址。
2. **寬度**：設定留言區域的寬度，除了能設定固定寬度之外，也能使用百分比的方式以比例顯示寬度。
3. **貼文數量**：頁面顯示的留言數。

留言加入的方法

設定完表單後選按表單下的 **取得程式碼** 鈕，即會顯示加入程式碼，其中第一個區域是 Facebook 社交外掛的 JavaScript SDK，第二個區域中是嵌入留言的程式碼。請開啟網頁原始碼，分別將二區程式碼貼到要顯示的位置。如果不知道要如何佈置，其實可以將二個程式碼貼在一起。

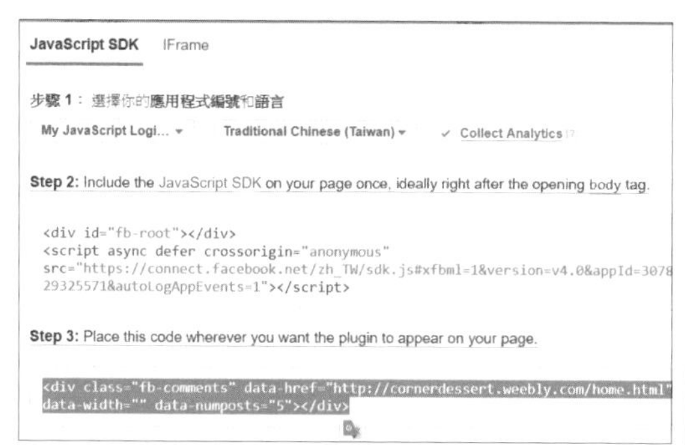

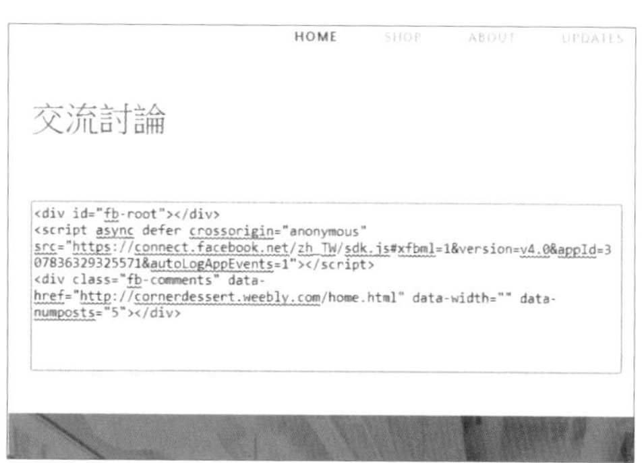

完成後請儲存檔案，你可以看到原來頁面顯示了留言版，只要登入 Facebook 帳號即會顯示所屬的頭像，直接輸入留言內容後送出，即可在頁面上顯示留言，是不是很棒呢！

如何為 Facebook 留言加入管理功能？

許多管理者想要為 Facebook 留言加入管理功能，稱為 **留言審核**，設定的方式相當複雜。詳細的方式可以參考：

https://developers.facebook.com/docs/plugins/comments#moderation

達爾文說讚。

QUESTION 081

在網頁內嵌 Facebook 留言

Facebook 內嵌留言可輕鬆地將粉絲專頁中的公開貼文留言置入您的網站或網頁內容中。請由「https://developers.facebook.com/docs/plugins/embedded-comments」進入設定畫面。

01 在頁面中可以看到設定的表單，在表單下方即是預覽結果的地方，**留言的網址** 請填入分享的網址，設定完表單後按表單下的 **取得程式碼** 鈕。

02 請選取 **IFrame** 連結，複製下方自動產生的程式碼。

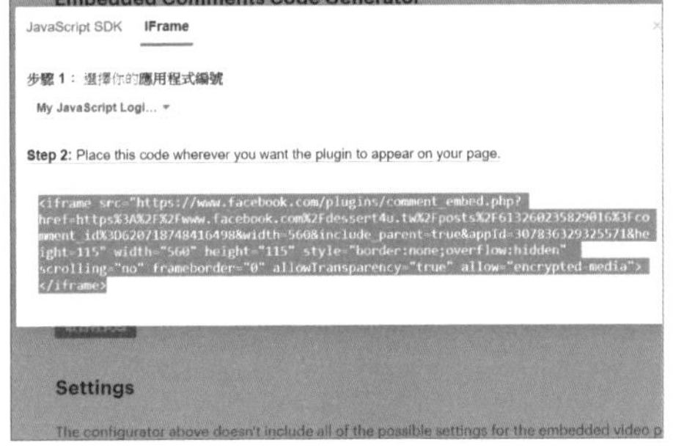

03 開啟編輯的網頁，將它貼到要顯示的位置上。

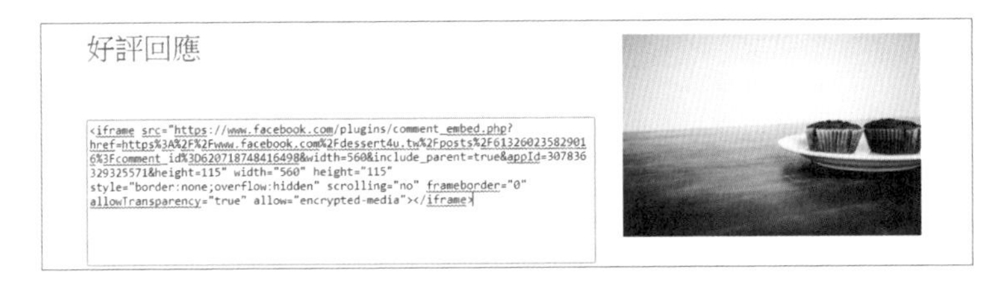

完成後請儲存檔案，您可以看到原來頁面顯示了粉絲專頁中的公開貼文留言。

QUESTION 082

如果社交外掛功能異常怎麼辦？

在安裝或使用 Facebook 社交外掛時常會因為多次測試的關係，會讓頁面上的程式執行時不如預期，或是設定的功能跑不出來。此時就可以利用 Facebook 的偵錯工具。

01 請由「https://developers.facebook.com/tools/debug/」進入偵錯工具的畫面，準備開始進行設定。

02 請將您執行時有問題的網址貼到頁面的欄位中，最後按下 **偵錯** 鈕，Facebook 會根據這個網址將其中的程式重新配置並修復程式。

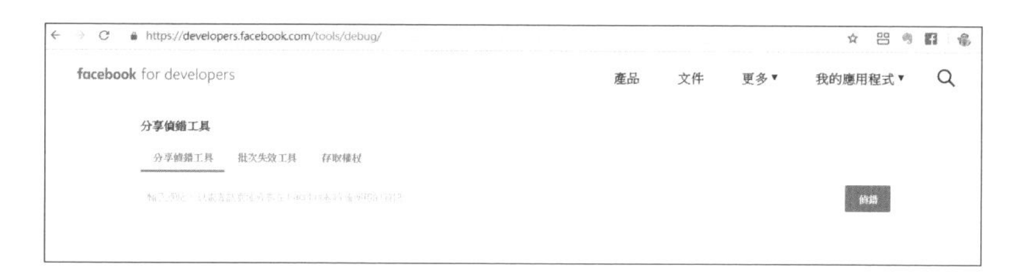

QUESTION 083

使用社交外掛的注意事項

以下列舉幾項安裝或使用 Facebook 社交外掛的注意事項：

1. Facebook 的社交外掛是線上的服務，所以在測試時必須將完成的頁面上傳到真實的網站上，許多功能才能執行正常。
2. 瀏覽者如果沒有申請或是登入 Facebook 的帳號，在安裝 Facebook 社交外掛的區域都會導引使用者申請或是登入 Facebook 的服務，所以在使用上對於網站管理者是沒有負擔的。
3. 建議網站的經營者，若是對於網站有長遠的想法，應同時為網站申請設定專屬的粉絲專頁，如此不僅可以將社群的流量導入網站，也能更直接的與粉絲接觸，這對於網站的經營有很正面的幫助。

MEMO

開店免託夢
整個粉絲專頁都是我的網路商店

QUESTION 084

什麼是粉絲專頁的商店專區？

Facebook 的粉絲專頁最大的功能之一就是用來建立專屬品牌，匯集粉絲人氣，進而創造收益利潤。如果在社群經營的過程中，能夠結合網路商店，向專頁的粉絲或經過瀏覽的人們推銷自家優良的產品，是不是就更有加乘的效果呢？

認識 Facebook 商店專區

Facebook 粉絲專頁的 **商店專區** 就是這個讓人無法忽視的重要拼圖，管理者可以將要展示和販售的產品新增到商店專區的頁面中，使用者只要選按一旁的 **商店** 連結即可進入瀏覽，甚至聯絡與購買。**商店專區** 最適合想要觸及 Facebook 顧客的商家、零售與電子商務廣告主使用。最棒的是所有粉絲專頁的管理者都可以免費使用商店專區，Facebook 不會收取任何營收利潤。

Facebook 商店專區的須知事項

- 在 Facebook 商店專區必須遵守 **Facebook 內容守則**，包含禁止使用的內容、受限的內容、圖文的限制等。詳情請參考：「https://www.facebook.com/policies/ads/」。

- 在Facebook商店專區販售產品必須遵守**Facebook商務產品商家協議**。詳情請參考：「https://www.facebook.com/legal/commerce_product_merchant_agreement」。

Facebook 商店專區的功能

Facebook 商店專區會根據所在的地理位置提供不同的功能，在美國以外地區的粉絲專頁可能提供的商店專區功能如下：

- **新增產品和產品資訊**：在 Facebook 商店專區中，管理者不需要事先上傳產品目錄即可上架產品進行展示與販售，而且沒有數量限制。

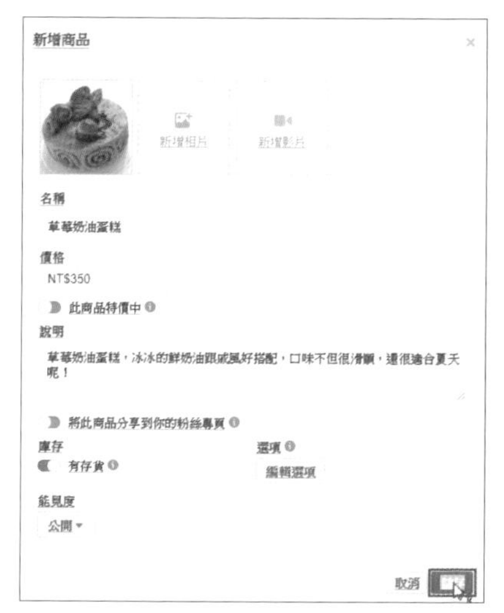

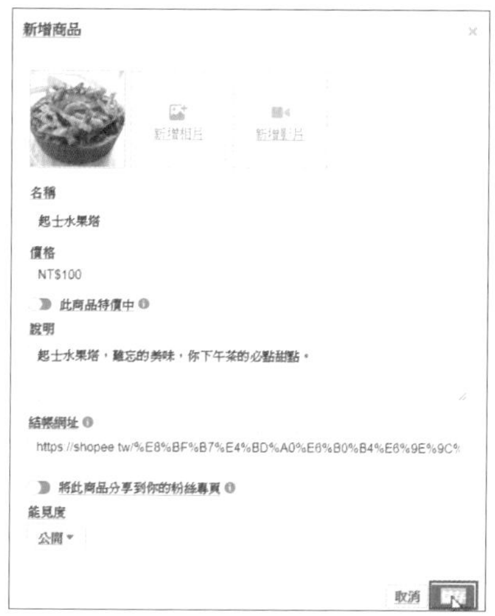

- **策劃和自訂商店的產品庫存**：管理者可以依據產品特性，規劃為不同的商品系列。

■ **展示產品**：管理者可以展示上架的產品內容。

■ **讓顧客直接透過粉絲專頁聯絡**：顧客可以瀏覽粉絲專頁並發送訊息與管理者直接聯絡，以便瞭解更多資訊及購買產品。

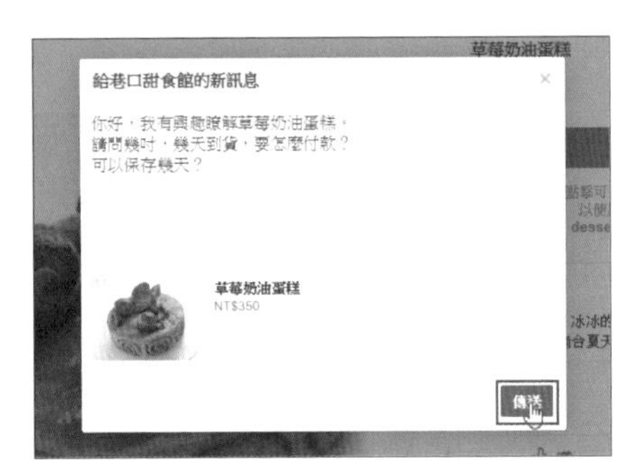

■ **取得洞察報告**：管理者可以查看上架的產品瀏覽次數及訂單、詢問訊息接收量。

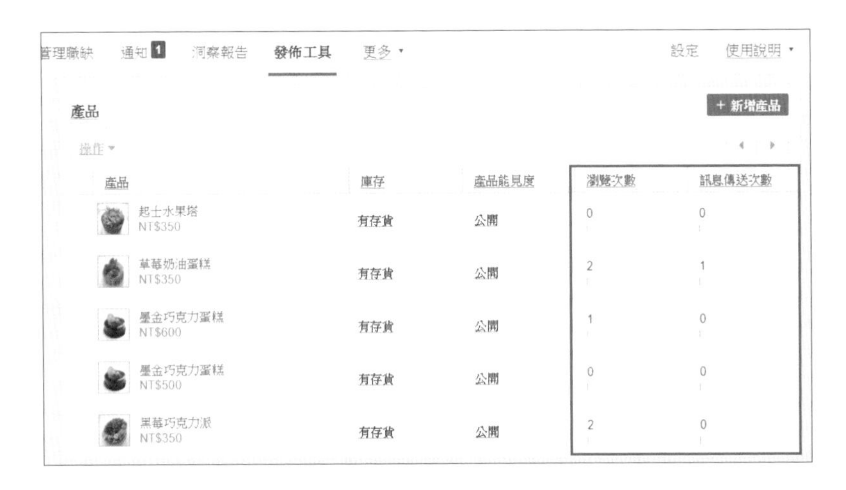

產品	庫存	產品能見度	瀏覽次數	訊息傳送次數
起士水果塔 NT$350	有存貨	公開	0	0
草莓奶油蛋糕 NT$350	有存貨	公開	2	1
墨金巧克力蛋糕 NT$600	有存貨	公開	1	0
墨金巧克力蛋糕 NT$500	有存貨	公開	0	0
黑莓巧克力派 NT$350	有存貨	公開	2	0

QUESTION 085

如何顯示粉絲專頁的商店頁籤？

Facebook 會根據粉絲專頁所使用範本調整出現的頁籤，如果你所建置的粉絲專頁的範本不是「購物」，一旁的頁籤就不會顯示商店，也就沒有商店的功能。所以要為粉絲專頁加上商店的功能，第一件事就是要將商店的頁籤顯示出來。設定的方法有二種：

修改 Facebook 粉絲專頁的範本

01 請進入 Facebook 粉絲專頁，選按 **管理員介面** 的 **設定** 頁籤 \ **範本和頁籤** 選項。

02 按下原來範本名稱旁的 **編輯** 鈕，在顯示的 **範本** 視窗中選按「購物」範本旁的 **查看詳情** 鈕，再按下 **套用範本** 鈕，即可完成範本的修改，也就會顯示商店的頁籤。

直接新增商店頁籤

01 請進入 Facebook 粉絲專頁，選按 **管理員介面** 的 **設定** 頁籤 \ **範本和頁籤** 選項。

02 按最下方的 **新增頁籤** 鈕，在顯示的 **新增頁籤** 視窗中選按「商店」範本旁的 **新增頁籤** 鈕，再按下 **關閉** 鈕，再將新的頁籤調整到適當位置即可。

QUESTION 086

Facebook 商店專區產品上架的注意事項

在 Facebook 商店專區上架產品有不少規定與準則，以下將針對上架產品使用的 **圖像**、**產品說明** 和 **版本** 的要求建議進行詳細說明。

產品圖像使用的注意事項

產品圖像使用時必須具備以下條件：

- 每件產品至少須有一個圖像。
- 每個圖像皆須為產品本身，不能使用產品的圖形化表示（例如插圖或圖示）。

建議可以使用及不能使用的內容：

建議使用內容	不建議出現的內容
• 易懂且展示完整產品 • 解析度 1024 x 1024 以上 • 正方形格式 • 顯示產品特寫 • 白色背景 • 在真實生活情景中拍攝產品	• 文字（例如行動呼籲、優惠代碼） • 冒犯性內容（例如露點照、露骨用語或暴力） • 廣告或宣傳資料 • 浮水印 • 具時效性的資訊（例如有限時間內降價）

標示產品說明的注意事項

產品說明使用時必須具備以下條件：僅使用 RTF 文字（無 HTML）。建議可以使用及不能使用的內容為：

建議使用內容	不建議出現的內容
• 僅提供與產品直接相關的資訊 • 可摘要（例如使用短句和／或項目清單） • 突顯獨特的產品特色 • 使用正確文法並適當加入標點符號	• HTML 原始碼 • 電話號碼或電子郵件地址 • 太長的標題 • 過多標點符號 • 英文全部使用大寫或小寫的字母 • 書籍或電影劇透 • 外部網站連結

上架不同產品規格的注意事項

所謂設定不同版本的意思是指相同的產品有不一樣的規格，例如相同的產品擁有不同的顏色、不同的尺寸 ... 等。

Facebook 對於產品版本有以下的規定：

■ 一個產品不能有超過四種規格。

■ 產品版本請勿使用縮寫，最好使用詳細的說明，例如尺寸使用「大號」而非「L」。

■ 當產品有多個規格時，請使用版本來標示，而非上架多個產品。

QUESTION 087

如何新增粉絲專頁的商店專區？

只要擁有 Facebook 的粉絲專頁，即可新增商店專區，其步驟如下：

01 進入粉絲專頁後選按左方 **商店** 頁籤連結。在顯示的對話視窗核選 **我同意商家使用條款與政策** 後按 **繼續** 鈕。

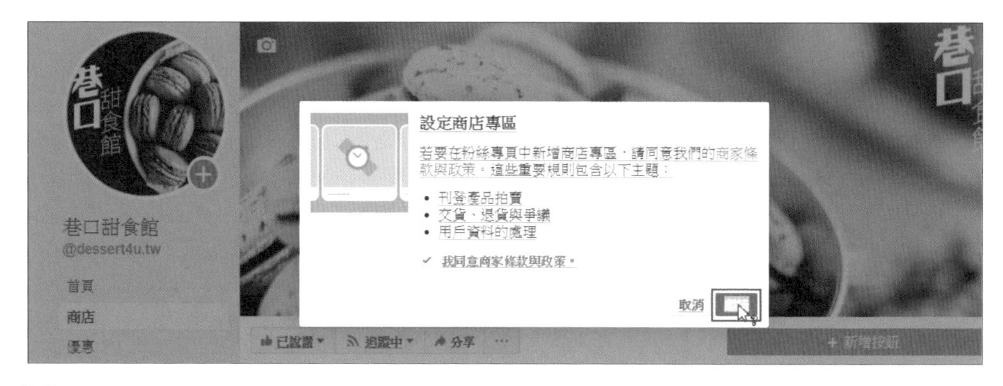

02 接著要設定結帳方式，選擇後按 **繼續** 鈕。在 Facebook 中提供二種方式：

發送購買訊息：讓用戶使用訊息功能與商店聯絡購買的內容與細節。

到其他網站結帳：若商場有專屬的網站可以進行交易，可以將用戶導向指定網址。

03 再來要設定商店中交易使用的幣值，請根據需求設定後按 **儲存** 鈕。

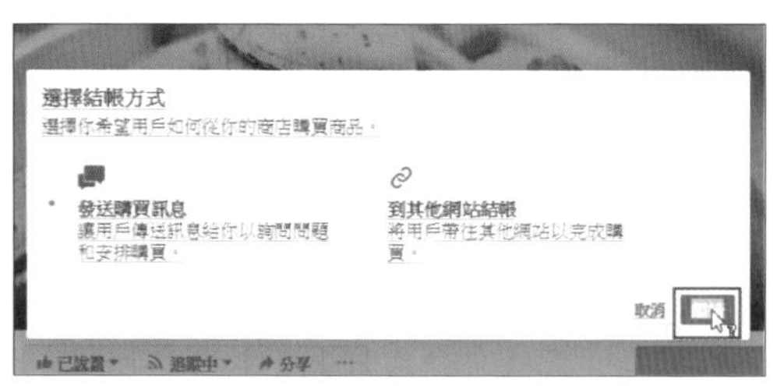

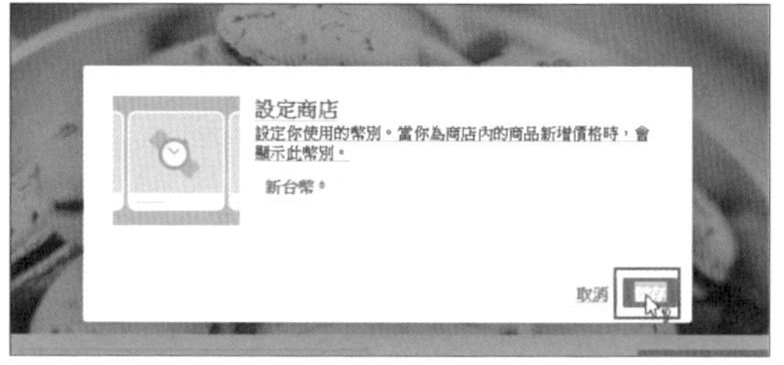

04 進入商店頁面後按上方連結編輯商店的介紹文字，儲存後即完成商店專區的新增。

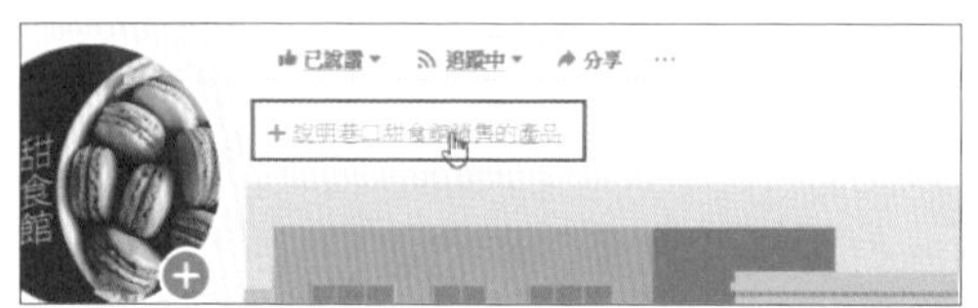

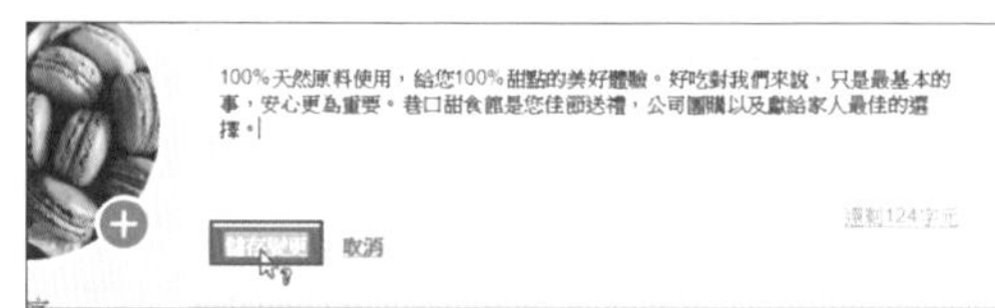

QUESTION 088

如何在商店專區上架商品？

在商店專區可以利用相片或影片來新增商品，這裡用相片來說明，步驟如下：

01 按 **新增產品** 鈕開啟對話視窗，按 **新增相片**。

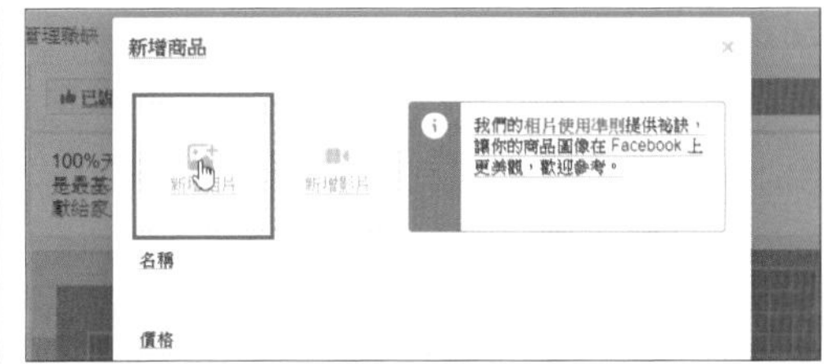

02 選擇相片可以由電腦上傳或使用粉絲專頁的相片，設定好後按 **使用相片** 鈕。

03 接著設定 **名稱**、**價格**、**說明** 欄位，最後按 **儲存** 鈕。

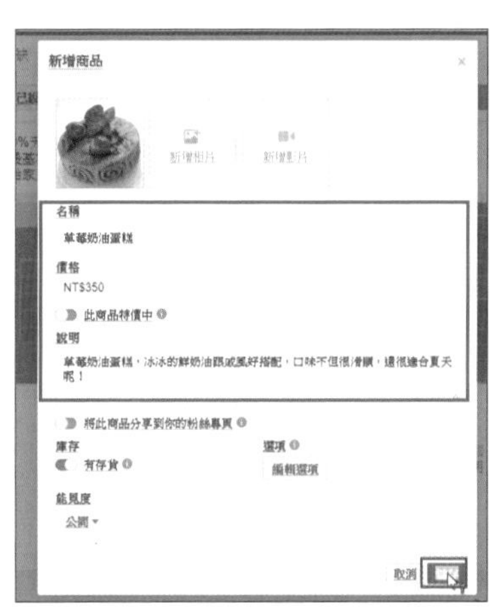

04 完成上架後必須等待系統確認，當顯示確認對話方塊後即可進行交易。

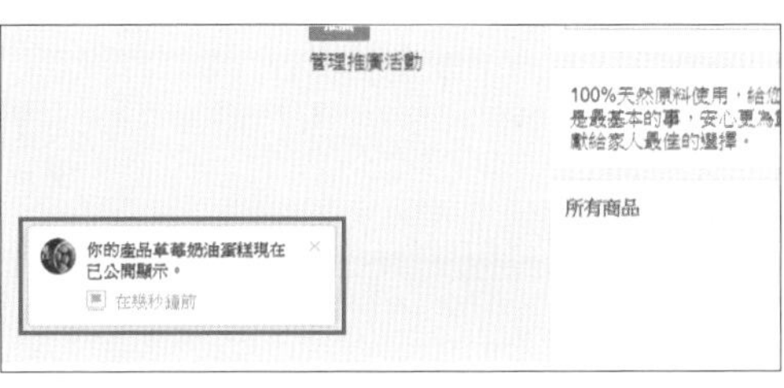

QUESTION 089

如何在商店專區購買商品？

商店專區可以利用訊息或導向其他網址來進行交易，以下用訊息功能說明，步驟如下：

01 用戶按下商店的產品圖，即可開啟訊息視窗留下訊息進行聯絡。

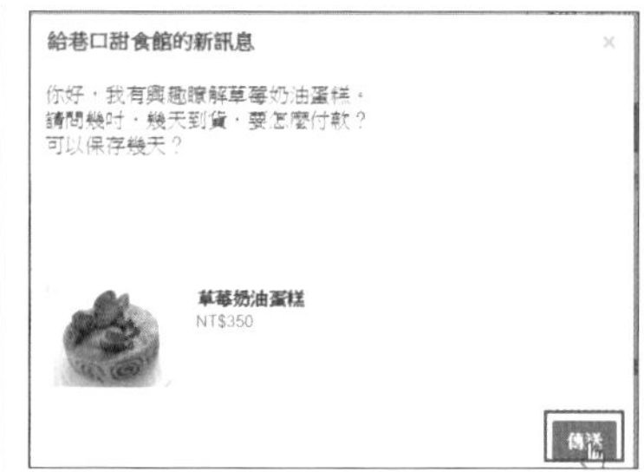

02 此時 Facebook 管理員即可即時收到訊息，以便進行後續交易。建議可按選按 **管理員介面** 的 **收件匣** 頁籤管理。

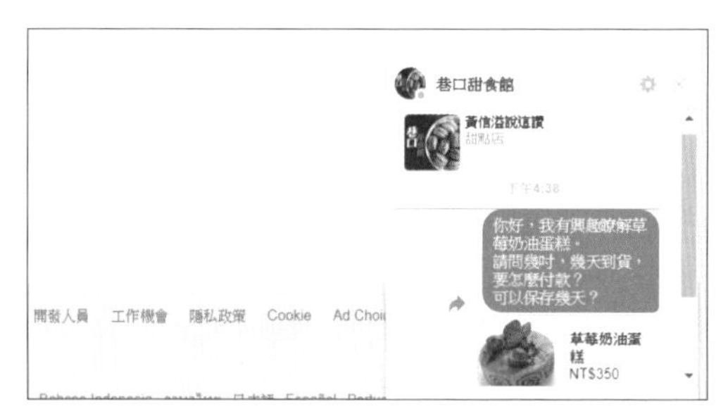

03 此時畫面會使用 Messanger 來開啟對話的內容，能夠進一步的管理訊息。

QUESTION 090

如何設定商品到其他網站進行結帳？

在商店專區建立時，若商場有專屬的網站可以進行交易，可以指定商品的結帳方式為**到其他網站結帳**。

上架商品到其他網站進行結帳

在這個模式下新增商品的方式如下：

01 按 **新增產品** 鈕開啟對話視窗，按 **新增相片** 設定產品照片。

02 選擇相片可以由電腦上傳或使用粉絲專頁的相片，設定好後按 **使用相片** 鈕。

03 接著設定 **名稱**、**價格**、**說明** 欄位。

04 請將該商品的 **結帳網址** 填入後按 **儲存** 鈕。

05 完成上架後必須等待系統確認，當顯示確認對話方塊後即可進行交易。

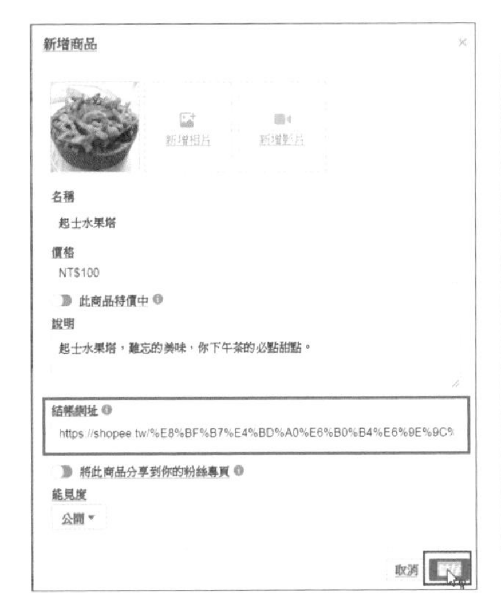

到其他網站進行結帳的購買方式

01 按下商店的產品圖即可開啟產品頁面。

02 若要購買請按 **在網站上結帳** 鈕。

03 此時頁面會被導引到指定的商品頁面上，即可進行訂購交易的動作。

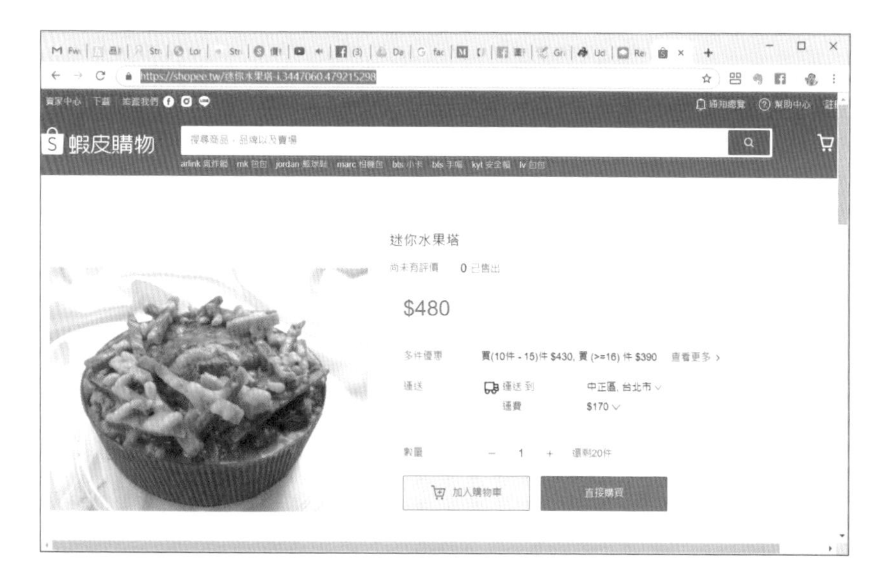

QUESTION 091

如何切換商店專區的結帳方式？

在 Facebook 的商店專區中只允許設定一種結帳方式，也就是所有商品都只能使用同一種結帳方式，不能為每個商品個別設定。

所以當要切換成別種結帳方式時，只能先刪除商店專區，重新新增後再設定成要使用的結帳方式。但要注意，商店專區刪除後所有的商品也會一併刪除，也意味著重新新增專區後產品必須重新上架。

QUESTION 092

如何刪除商店專區？

當 Facebook 中不再使用商店專區，或是想要變更改商店專區的結帳方式，都必須進行商店專區的刪除動作，其步驟如下：

01 進入 Facebook 商店專區頁面，按 ⚙ \ **刪除商店**。

02 此時即會顯示 **刪除商店** 的對話視窗，按 **刪除商店** 鈕即可完成。

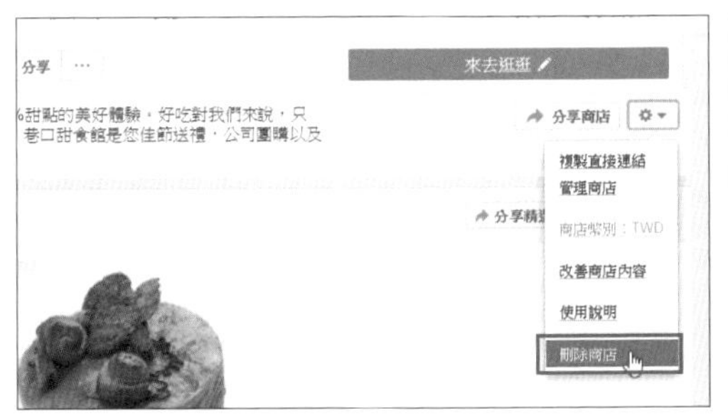

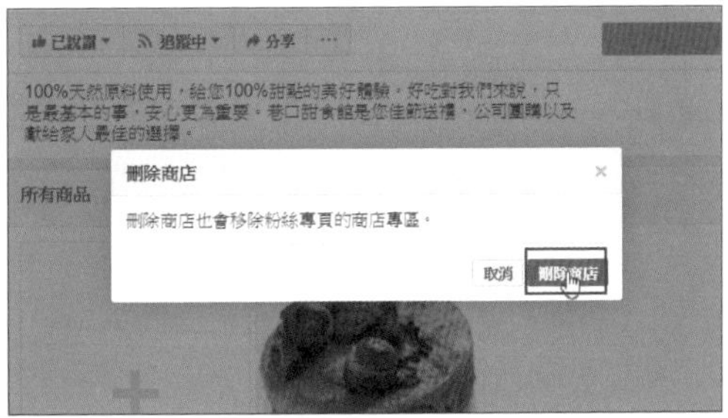

QUESTION 093

如何在商店專區設定特價商品？

為商品設定特價，是很好的行銷活動，其步驟如下：

01 在商店專區按下要設定商品下方的 **編輯**。

02 在對話視窗中開啟 **此商品特價中**，接著在 **優惠價** 欄位中輸入價格後按 **儲存** 鈕。

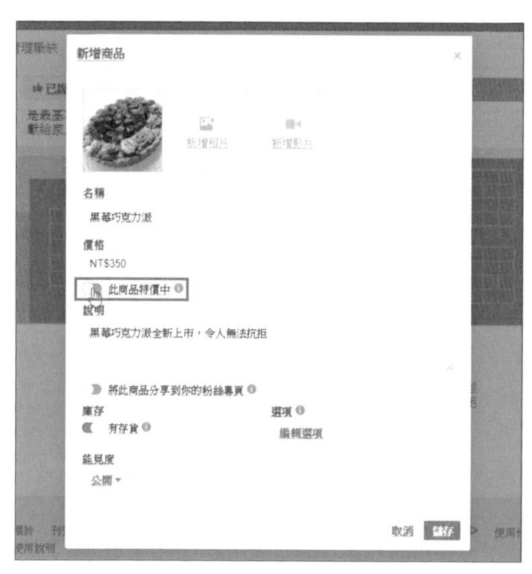

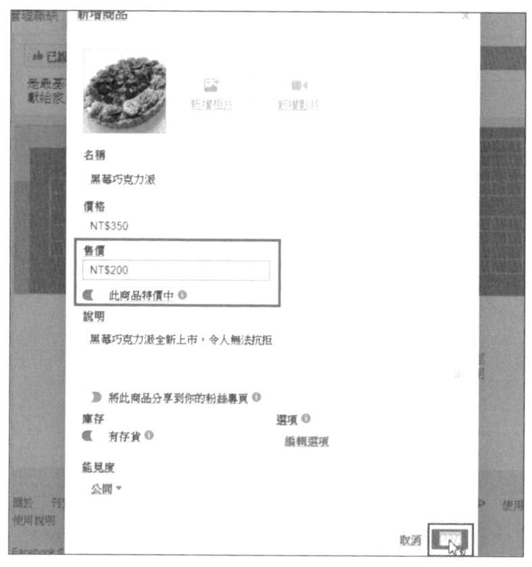

03 回到商店專區中，原商品會以特惠價為目前的價格，並以灰字標示原價。

04 在產品的專頁中也能看到以特惠價為目前的價格，並以灰字加上刪除線標示原價。

QUESTION 094

如何在商店專區設定不同規格的相同商品？

許多商品常會以不同的規格進行販售，例如相同款式的衣服但有不同的顏色，或是不同的尺寸。在 Facebook 商店專區中，上架商品時可以利用選項為產品加入不同規格，更可依此設定不同的售價。設定的步驟如下：

01 在商店專區新增產品時，按下方的 **編輯選項**。

02 在對話視窗中開啟 **新增選項**。

03 首先請利用下拉式功能表來選取可設定的選項。

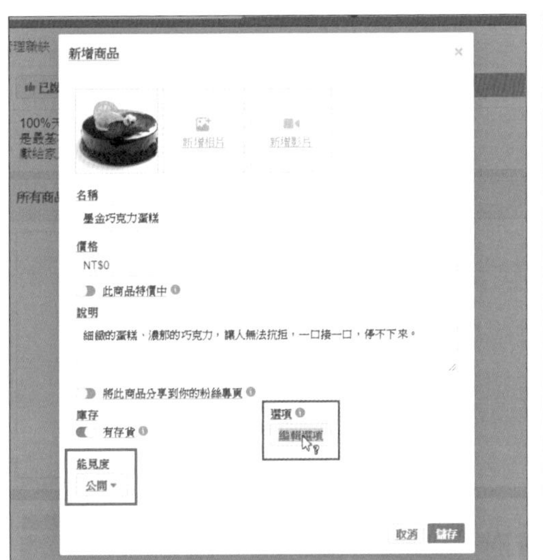

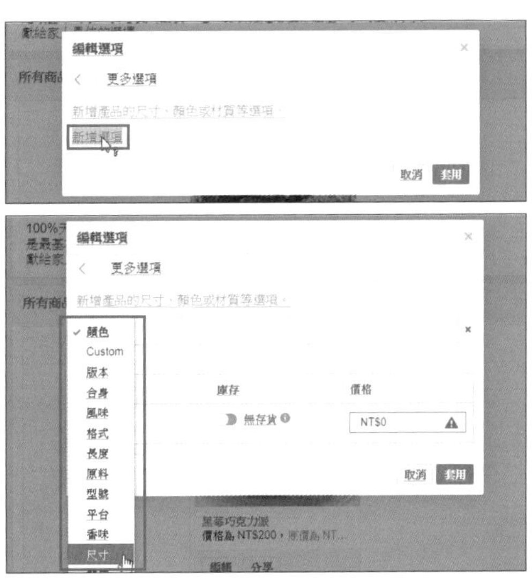

04 選好選項後，接下來要在後方輸入不同的選項值。每輸入一個選項值就按 **Enter** 鍵完成編輯，下方的表格即會顯示該選項的詳細內容來設定庫存及價格，最後按 **套用** 鈕。

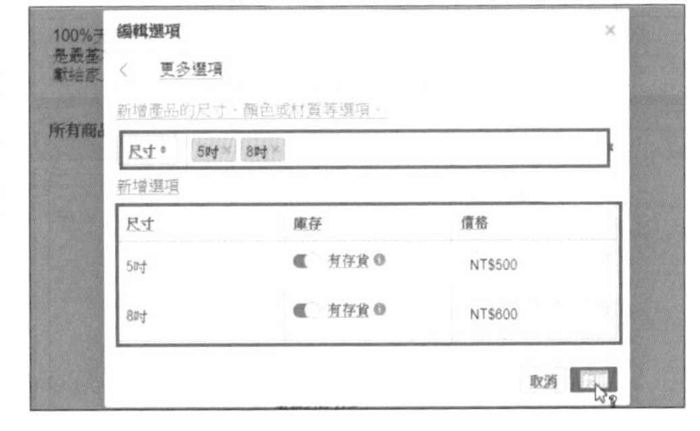

05 回到新增產品的對話視窗，將相關欄位完成後按 **儲存** 鈕。

06 完成產品新增後，等審核完成即可在商店專區上看到該產品。

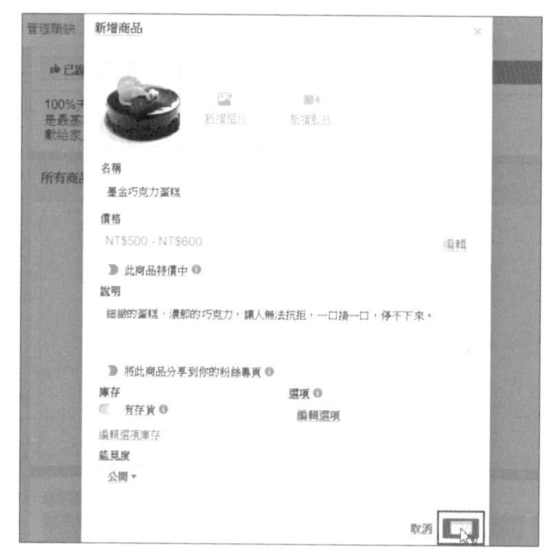

07 回到商店專區中，選按產品相片進入詳細頁面。

08 此時頁面中多了可切換尺寸的下拉式選單，當切換不同的尺寸時會顯示不同的價格以供結帳。

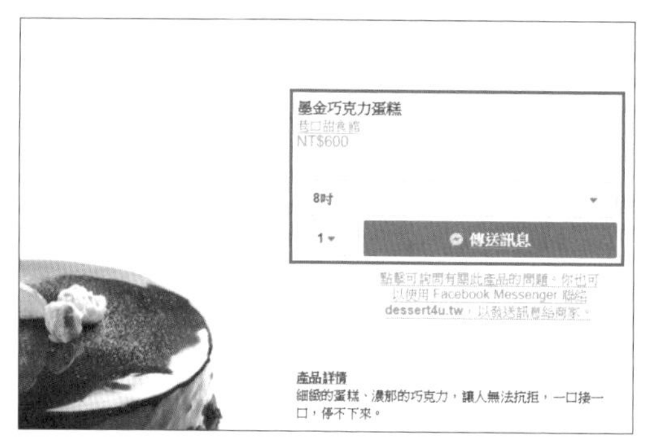

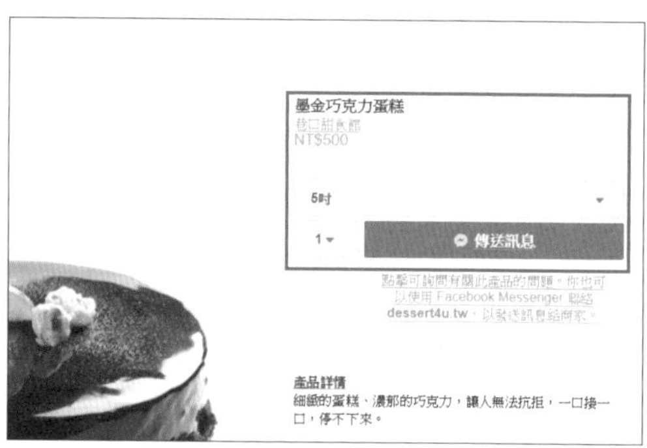

QUESTION 095

如何在商店專區設定精選集商品？

使用系列商品的原因

當產品項目越來越多，種類越來越複雜，如果沒有分類就放置在同一個頁面之中，當用戶在瀏覽時肯定會覺得紛亂，逛起來也會降低購買的慾望。Facebook 商店專區提供了設定商品系列的功能，名稱為「精選集」，讓管理者可以依產品特性的不同，歸類到不同的系列當中。如此一來，用戶可視自己的喜好瀏覽相關的系列商品，增加購物的成交率。

Facebook 商店專區除了內建的 **精選商品** 系列之外，管理者也能自訂不同的商品系列，進行商場的管理。

設定系列商品的方法

Facebook 商店專區系列商品設定的步驟如下：

01 進入 Facebook 商店專區頁面後按下方的 **新增精選集** 鈕。

02 在建立精選集頁面中，可以按右上方的 **新增精選集** 鈕來新增商品系列，也可以按表列中商品系列的名稱來編輯。

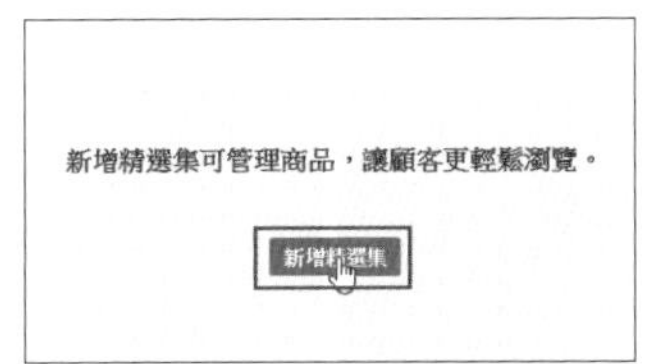

03 在建立精選集頁面中，可以編輯 **精選集名稱**，設定 **能見度**，最重要的是可按 **新增產品** 鈕在商品系列中新增產品。

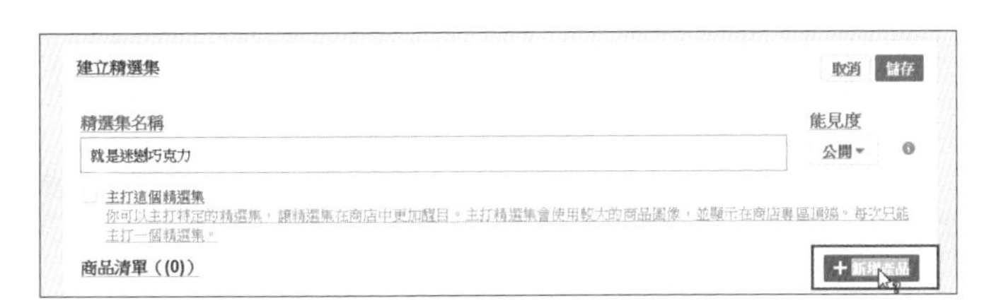

04 在開啟的 **新增商品到精選集** 視窗中，核選要加入的商品。如果商品太多，可以利用上方的搜尋欄將要選取的商品篩選出來，再進行核選的動作。當完成所有動作，最後按 **儲存** 鈕完成設定。

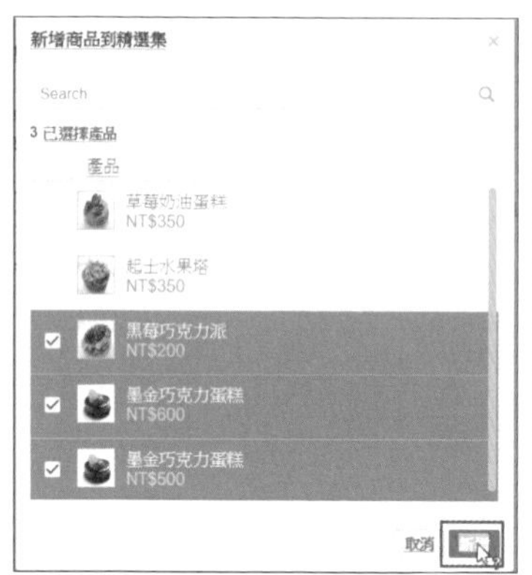

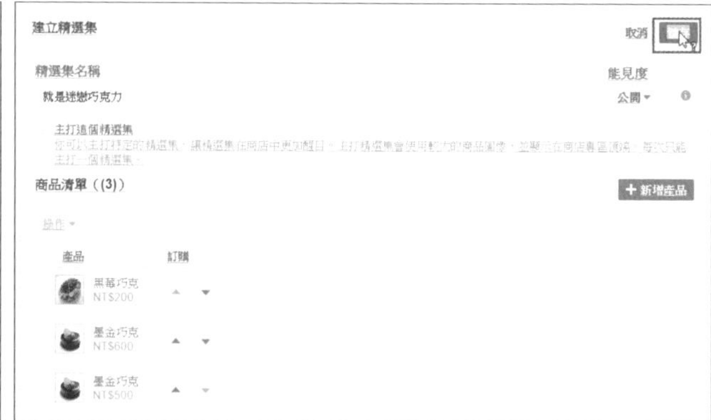

05 回到 Facebook 的商店專區，即可看到設定的商品都顯示在該系列之中。不僅可以集中焦點，也能刺激消費。

小技巧

什麼是主打這個精選集？

在建立精選集時如果核選了「主打這個精選」的核選方塊，該精選集會顯示在商店頁面最前方的單獨區塊。要注意的是，無論有幾個精選集，只有一個主打精選集。

達爾文說讚。

同溫層行銷
一枝穿雲箭，拉進社團來相見

QUESTION 096

為什麼要為粉絲專頁建立社團？

許多剛接觸 Facebook 的經營者常會面臨這些問題：Facebook 粉絲專頁和社團的差別在哪？我該為產品或品牌成立粉絲專頁還是社團比較好？嚴格來說，Facebook 粉絲專頁和社團都是在經營社群，但是其本質與運作模式就有許多不同，也因此造成在社群經營程度與方向的不同。

Facebook 社團在經營上的特色

Facebook 社團與粉絲專頁在運作上有以下不同的特色：

- **社團隱私的設定**：建立 Facebook 社團時，有 3 種隱私設定可供選擇：公開、不公開和私密。
- **限制加入的成員**：無論成員是申請加入或是由其他成員推薦，可以設定必須由管理員來新增或批准。
- **貼文共享的方式**：預設是所有成員都能貼文，且所有成員都會收到通知。但管理員可以限制貼文或是設定貼文必須經由審核批準。

您會發現這些特色都是將社群的經營加上了「限制」條件，乍看之下或許會感到疑惑，但是因為這些限制，讓成員在加入時不是只按個讚就完成申請才會更加珍惜，貼文更是要言之有物，而且所有動作可能要經由審核。如此一來，就能讓整個社群匯集志同道合的粉絲，也能提供針對性的服務，甚至分享交流更能引起共鳴的話題。

由粉絲專頁建立社團

過去我們僅能使用個人身份來建立社團，現在 Facebook 能將社團連結到你的粉絲專頁，其優點有：

- 由粉絲專頁建立社團後，藉由連結就能直接進入，方便用戶尋找。
- 社團可以藉由隱私的設定提供獨立空間，讓粉絲盡情對話交流。
- 管理者可以粉絲專頁或個人的身分在連結的社團中互動。

QUESTION 097

如何抉擇社團的隱私權？

建立社團時，有 3 種隱私設定可供選擇：**公開**、**不公開** 和 **私密**。在下方的表格中整理了每一種隱私權可加入社團的對象，以及社團內容的觀看權限。

	公開	不公開	私密
誰可以加入？	任何人皆可以加入或由成員新增或邀請加入	任何人皆可以要求加入，或由成員新增或邀請加入。	任何人，但必須經由成員新增或邀請。
誰可以看見社團名稱？	任何人	任何人	目前的成員與之前的成員
誰可以看見社團成員？	任何人	任何人	僅限目前的成員
誰可以看見社團介紹？	任何人	任何人	目前的成員與之前的成員
誰可以看見社團標籤？	任何人	任何人	目前的成員與之前的成員
誰可以看見社團地點？	任何人	任何人	目前的成員與之前的成員
誰可以看見社團成員的貼文？	任何人	僅限目前的成員	僅限目前的成員
誰可以在搜尋中看到社團？	任何人	任何人	目前的成員與之前的成員
誰可以在動態消息和搜尋中看到社團動態？	任何人	僅限目前的成員	僅限目前的成員

若將社團隱私權設為公開，基本上所有人都可以自由加入，也能看到社團中所有的資料、成員、貼文與所有動態。

若隱私權設為不公開，基本上所有人都可以自由加入，也能看到社團中的資料與成員，不過社團中的貼文，必須要成為成員才能看得到。

若隱私權設為私密，加入的人必須要由原成員新增或邀請，其他的資訊都必須要在成為成員後才能看得到。

QUESTION 098

如何在粉絲專頁建立社團？

如果你的 Facebook 粉絲專頁旁的頁籤沒有「社團」，那麼首要之務就是要顯示社團的頁籤。設定的方法如下：

01 請進入 Facebook 粉絲專頁，選按 **管理員介面** 的 **設定** 頁籤 \ **範本和頁籤** 選項。

02 按最下方的 **新增頁籤** 鈕，在顯示的 **新增頁籤** 視窗中選按「社團」範本旁的 **新增頁籤** 鈕，再按下 **關閉** 鈕，再將新的頁籤調整到適當位置即可。

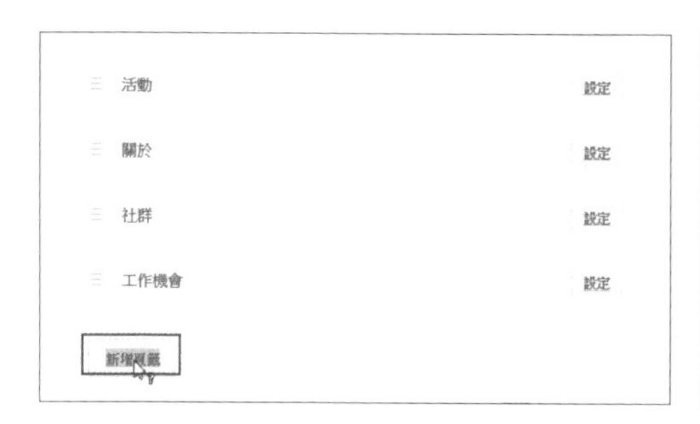

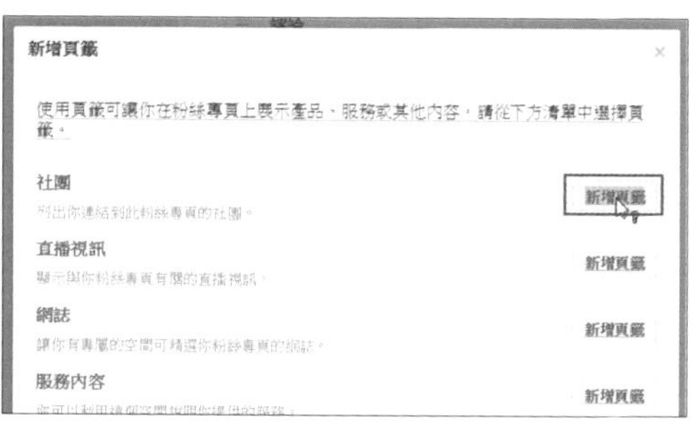

只要擁有 Facebook 的粉絲專頁，即可用這個身份建立社團，其步驟如下：

03 進入粉絲專頁後選按左方 **社團** 頁籤連結。

04 此時會顯示建立社團的頁面在 Facebook 中提供二種方式：
建立社團：建立一個全新的社團。
連結你的社團：若是已經建立了社團，可以指定連結。

首頁
商店
社團
優惠
評論
相片
貼文
影片
活動
關於
社群

打造粉絲專頁的社群網
建立社團，以便：
與擁有和你粉絲專頁相關之共同興趣的用戶互動
以特別的最新動態和獨家優惠獎勵顧客
為廣告受眾建立分享空間，讓他們能夠詢問問題和分享意見回饋，你也可以藉此瞭解廣告受眾
以你專頁或自己的身分在社團中互動
連結你的社團
建立社團

05 這裡按 **建立社團** 來新增一個全新的社團，請在開啟的對話視窗輸入社團的資料。此時系統會用粉絲專頁的名稱做為預設名稱，並會將粉絲專頁及目前的管理者設定為預設成員。最後請依社團性質設定隱私權，再按 **建立** 鈕。

06 為了讓整個社團形象看來更專業，一樣能夠上傳封面相片。請按封面圖片處的 **上傳相片** 鈕或 **選擇相片** 鈕使用適當的照片當作封面。

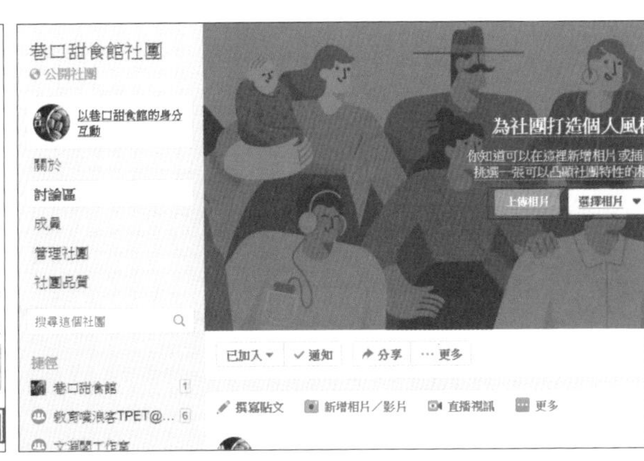

07 若要讓社團更具吸引力及説服力，建議可以加入右側版面中的 **簡介** 與 **地點** 資料。

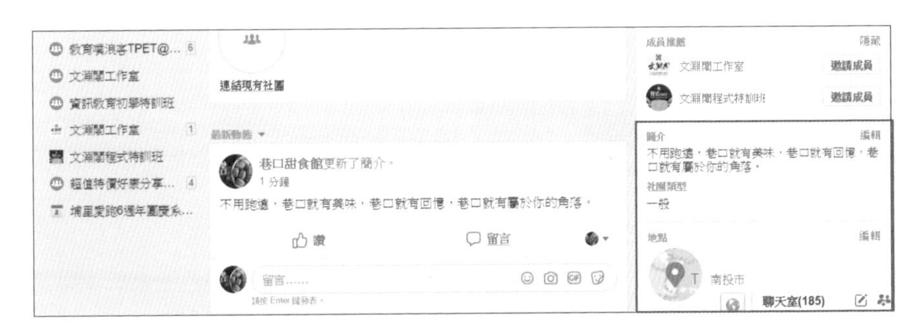

QUESTION 099

認識粉絲專頁的社團界面

Facebook 社團的界面中有幾個重要的單元：

- **討論區**：所有成員的貼文、照片與影片、活動等內容都會在這個單元中顯示。
- **成員**：可以檢視討論區的成員、管理員以及已封鎖的成員名單。

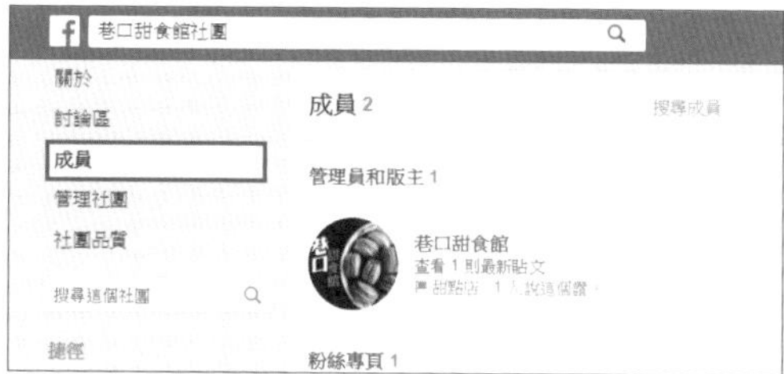

- **活動**：在這單元中可以檢視與建立活動。預設的 **活動** 連結會以條列的方式顯示所有活動，而 **行事曆** 會以月曆的方式顯示所有活動。

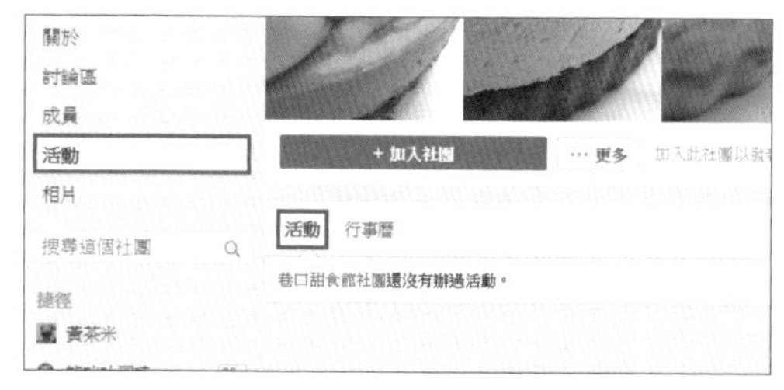

- **相片**：成員若有上傳相片或影片，就會顯示這個單元頁面供成員瀏覽。
- **管理社團**：社團的管理員或版主會顯示這個單元頁面，提供管理的功能。

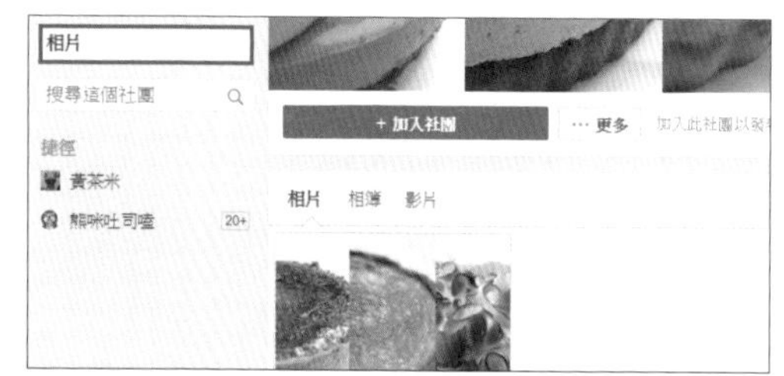

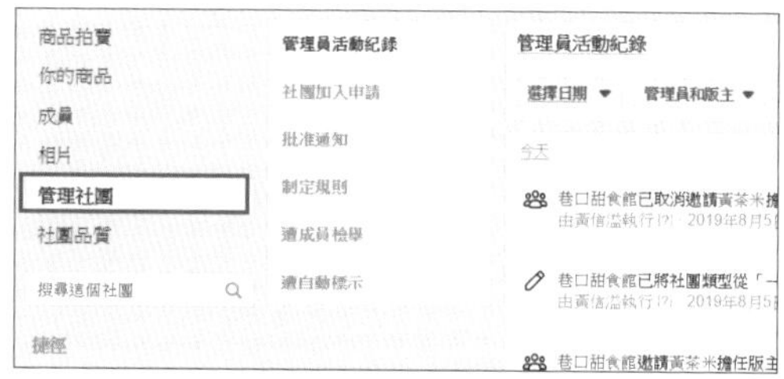

QUESTION 100

如何為社團增加成員？

為社團增加成員有幾個方式，以管理員的身份可以用下列幾種方式來新增：

01 於右方的 **邀請成員** 區塊中輸入成員的姓名或是電子郵件，若是該姓名或是電子郵件已經是 Facebook 的會員，即會被加入成為會員。

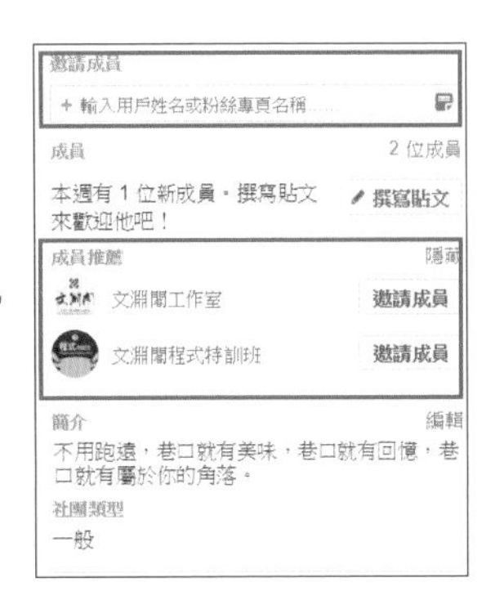

02 於右方的 **成員推薦** 區塊下方會顯示管理員朋友的名單，只要按下一旁的 **邀請成員** 即會送出邀請訊息。

03 你也可以按下上方功能表的 ⋯ \ **新增成員**，在顯示的 **新增成員** 對話視窗中的欄位中輸入成員的姓名或是電子郵件，若是該姓名或是電子郵件已經是 Facebook 的會員，即會被加入成為會員。

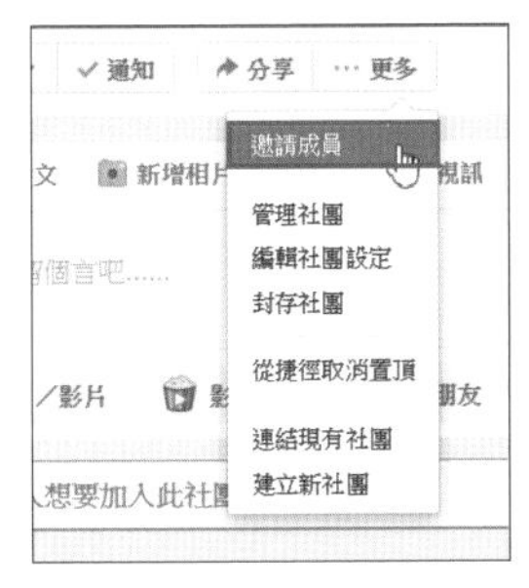

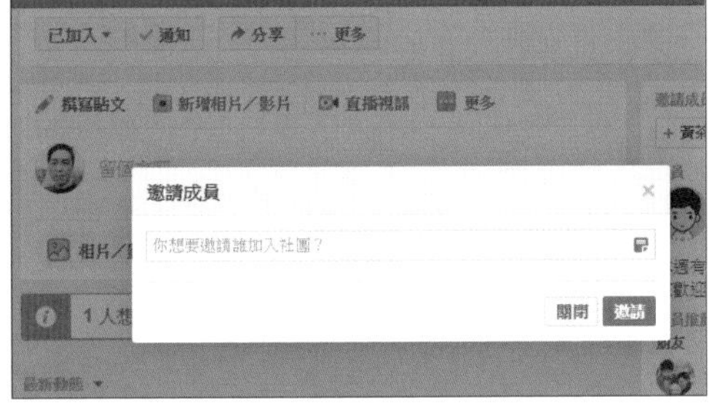

要 注 意

新增社團成員要事先詢問

其實在社團中加入成員的動作是十分簡單的，不過在加入前還是會建議您先跟當事人詢問意願再進行設定，否則在沒有知會的狀態下冒然進行，會給人不尊重的感覺，有時候反而會帶來反效果。

例如有些直銷或是購物的社團常會直接莫名奇妙的把人加入某個社團，在沒有事先告知的狀況下常會讓人覺得反感，而且進入社團後看到都是廣告或是商品，怎麼可能會達到效果，甚至會收到很多封鎖與檢舉，得不償失。

小美人魚戳了你一下！

QUESTION 101

如何批准加入社團的成員？

無論是何種隱私權的社團，任何人皆可以加入或由成員新增或邀請加入，但是社團還是可以對每個成員進行批准的動作，設定的方式如下：

01 按下上方功能表的 ⋯ \ **編輯社團設定**。

02 在 **成員加入審核** 依需求進行設定，選項有二：
社團中的所有人：社團的成員不僅可以將其他人新增為成員，還能進行批准的動作。
僅限管理員和版主：社團的成員雖然可以將
其他人新增為成員，但必須經過管理員或版主的批准。

03 最後按 **儲存** 鈕完成設定。

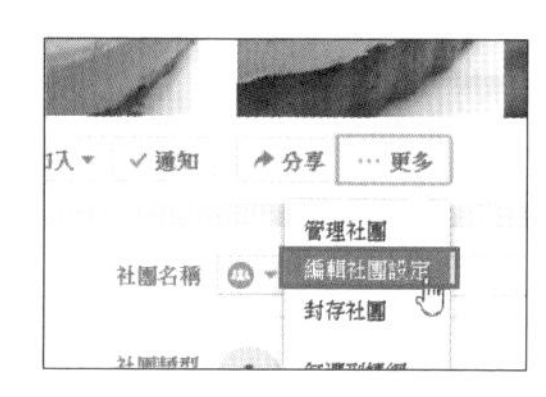

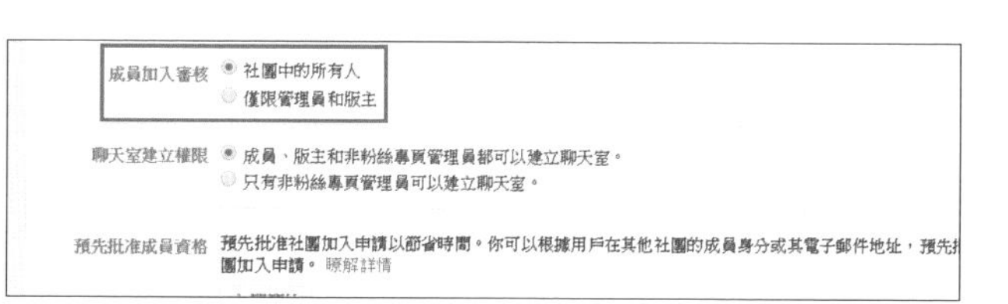

如果社團設定成員的加入都必須經由管理員或版主的批准，其方式如下：

01 若有人想要加入，在進入社團時會顯示提示方塊。您可以從提示方塊連結進入設定畫面，或是按下上方功能表的 ⋯ \ **管理社團**。

02 按 **加入成員要求** 連結，再按右方的 **請求** 連結即可看到名單。您可以檢視每個成員的資料後按下所屬的 **批准** 鈕。

03 如果想要一次批准所有人員，可以按上方的 **全部批准** 鈕完成。

QUESTION 102

如何將成員指派為社團管理員或版主？

在 Facebook 社團中除了一般成員之外，還有管理員及版主二種身份，區別如下：

	社團管理員	社團版主
指派任何成員為管理員或版主	√	
移除管理員或版主	√	
管理社團設定	√	
批准或拒絕加入社團要求	√	√
批准或拒絕社團裡的貼文	√	√
移除貼文及貼文留言	√	√
從社團裡移除和封鎖用戶	√	√
將貼文置頂或取消置頂	√	√
查看支援收件匣	√	√

請特別注意，只有現任的社團管理員才可將他人指派為管理員或版主，設定方式如下：

01 進入 Facebook 社團並選按 **成員** 頁籤連結。

02 選按您想指派為管理員或版主的用戶旁的 ☒ 。

03 選擇指派為管理員或指派為版主。

04 最後在對話方塊上按 **設為管理員** 或 **設為版主** 鈕完成設定。

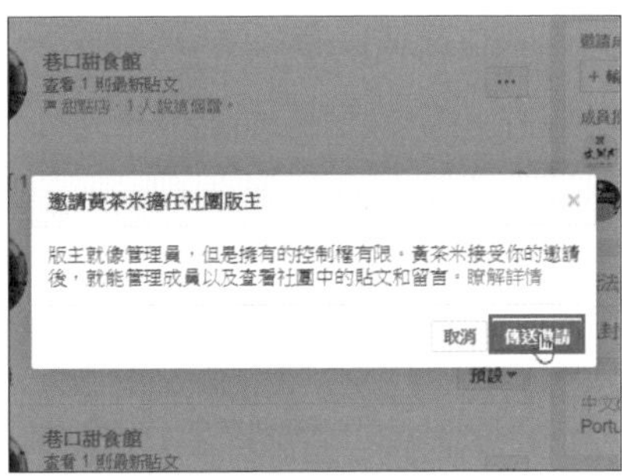

QUESTION 103

Facebook 社團的貼文方式有幾種？

在 Facebook 社團的討論區中貼文，還能加上一些選項增加貼文吸引力，以下將介紹較為常用的幾種方式：

- **相片 / 影片**：為貼文的內容加上相片或是影片。
- **直播視訊**：將貼文內容化為直播視訊的活動，直播結束會自動保存直播影片。
- **新增檔案**：為貼文加上檔案，可由電腦檔案上傳或是連結您的 Dropbox 裡的檔案。
- **商品拍賣**：社團預設都有商品買賣與交易功能，使用商品拍賣的貼文，能加上商品的品名、價格、地區及商品照片，提供給社團成員進行交易。
- **建立相簿**：可將相關的相片整理在相簿之中。
- **建立文件**：建立文件即是建立部落格文章。
- **票選活動**：可舉辦單選或多選的票選活動。
- **感受 / 活動**：可為貼文加上心情感受的文字及圖示。
- **打卡**：可為貼文加上目前所在地標。

QUESTION 104

如何選擇以粉絲專頁或本人的身分發佈內容？

在 Facebook 社團內，您可以選擇以您本人或您粉絲專頁的身分撰寫貼文或在既有貼文上留言。貼文操作步驟如下：

01 按畫面左上角的 **以 [社團名稱] 的身份進行互動** 文字連結。

02 在對話方塊中選擇要互動的身份，請選擇管理員或粉絲專頁大頭貼照即可切換。

03 接著即可以該身份進行貼文。

回應貼文留言的操作步驟如下：

01 選按要回應的貼文下方的相片 (您的大頭貼照或粉絲專頁的大頭貼照) 旁邊的 。

02 選擇您本人或您的粉絲專頁代表大頭貼照，即可以該身份進行回應貼文。

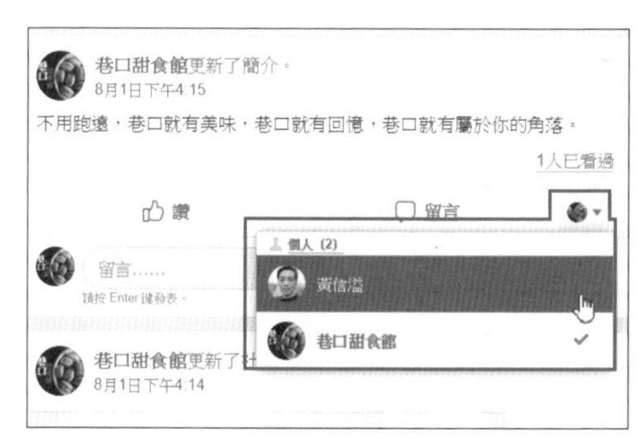

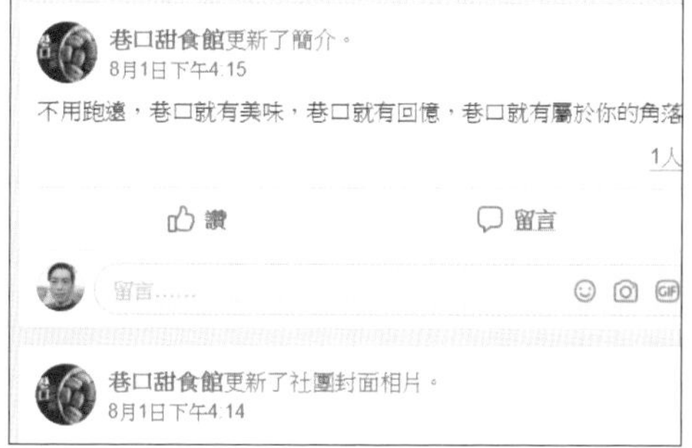

QUESTION 105

如何在 Facebook 社團建立投票活動？

在 Facebook 社團的討論區中，除了貼文討論，分享照片影片，還能建立投票活動，其步驟如下：

01 進入粉絲專頁後點選貼文區塊，選按 **建立票選活動** 鈕。

02 輸入票選活動的選項，接著將選項依序輸入。

03 按 **投票選項**，可依需求核選 **允許所有人新增選項** 及 **允許用戶選擇多個選項**，最後按 **發佈** 鈕完成投票活動的新增。

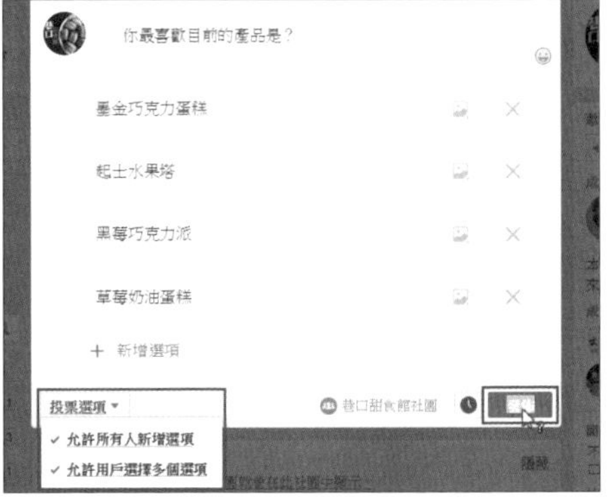

完成 Facebook 社團投票活動的建立後，回到討論區即可看到這則投票活動的貼文。只要是社團的成員，就可以直接核取選項，成員的大頭貼即會顯示在選項後方。如果有核選 **允許用戶選擇多個選項** 即可一次核取多個選項；如果有核選 **允許所有人新增選項** 即可在下方繼續新增投票的選項。

QUESTION 106

如何在 Facebook 社團拍賣商品？

在 Facebook 社團的討論區中，更棒的是可以張貼拍賣商品的資訊，其步驟如下：

01 進入粉絲專頁後點選貼文區塊，選按 **更多 / 商品拍賣**。

02 請依序輸入商品名稱 (100 字內)、價格、地區及產品説明，最好能再上傳產品的相片，最後按 **下一步** 鈕。

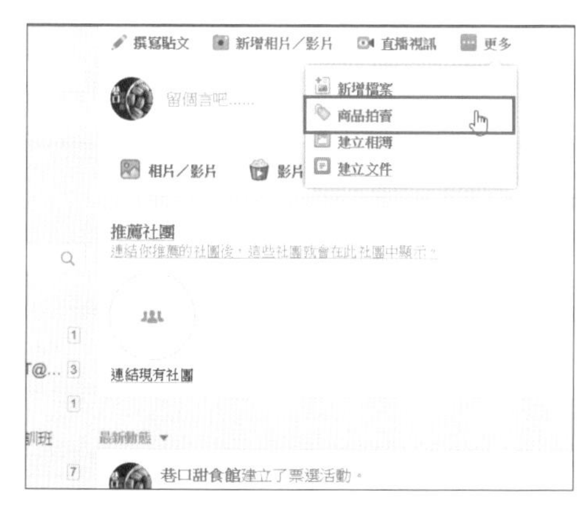

03 選擇要發佈的社團後，最後按 **發佈** 鈕完成商品拍賣的貼文。

04 完成 Facebook 社團拍賣商品的建立後，回到討論區即可看到這則投票拍賣的貼文，只要是社團的成員藉由留言或是訊息的方式進行交易。

QUESTION 107

如何開啟社團的商品買賣功能？

Facebook 社團可以根據社團的性質來設定類型，系統會根據不同的類型調整社團的功能。如果要開啟 Facebook 社團的商品買賣功能，設定步驟如下：

01 按下上方功能表的 [⋯]\ **編輯社團設定**。

02 選按 **社團類型** 旁邊的 **變更**。

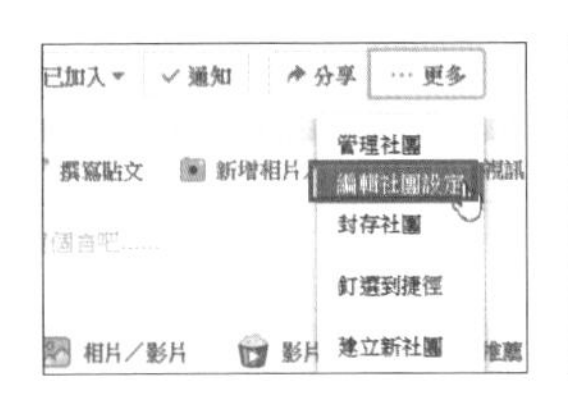

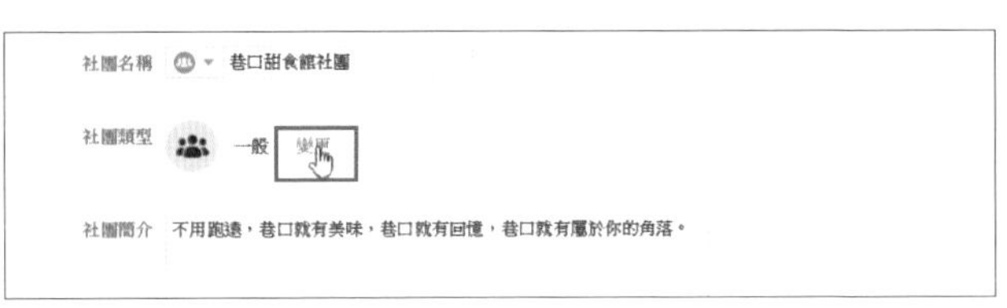

03 選擇社團類型為 **商品買賣**，然後按 **確認** 鈕。

04 最後設定使用的 **幣別**，按 **儲存** 鈕完成設定。

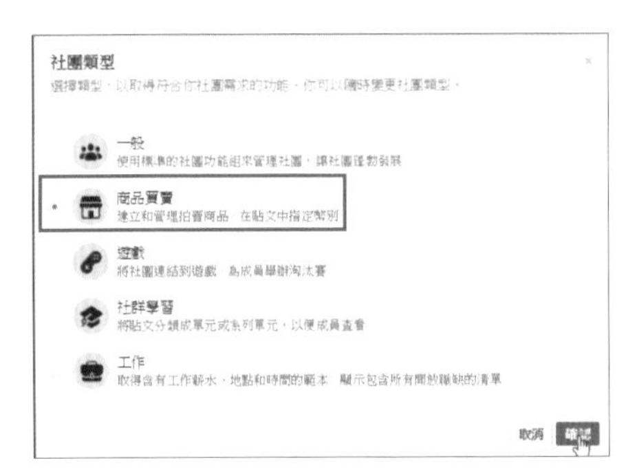

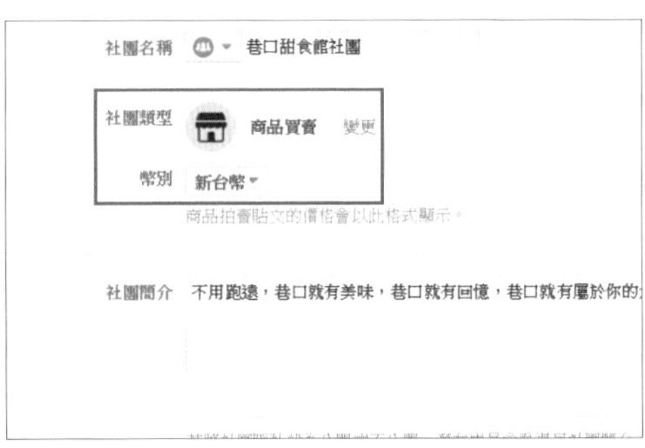

若要關閉 Facebook 社團的商品買賣功能，設定的步驟如下：

01 按下上方功能表的 [⋯]\ **編輯社團設定**。

02 選按 **社團類型** 旁邊的 **變更**。

03 選擇社團新的類型後按 **確認** 鈕。

04 最後按 **儲存** 鈕完成設定。

QUESTION 108

商品買賣社團與一般社團有何不同？

Facebook 商品買賣社團就像是一般社團，但成員可使用以下附加功能：

1. **預設貼文類型即是商品拍賣**：進入貼文的方塊，即會進入商品拍賣的模式。

2. **列出拍賣商品**：在 Facebook 商品買賣社團，一進入討論區即會將最新未販售出去的拍賣商品放置在 **拍賣商品** 方塊中展示，有興趣的成員可以選按商品進入詳細頁面。

   也可以按下一旁的 **拍賣商品** 頁籤連結，系統即會將所有的商品顯示在整個頁面中，讓成員在瀏覽時更加方便。

3. **拍賣商品管理**：在 Facebook 商品買賣社團上可以管理成員自己上架的商品，按下一旁的 **你的商品** 頁籤連結，系統即會將商品顯示在列表中，在管理上十分的方便。

QUESTION 109

如何將賣出的商品標示為已售出？

在 Facebook 商品買賣社團中，可將已找到賣家銷售的商品標示為已售出。設定的步驟如下：

01 前往 Facebook 社團，再選按 **你的商品** 頁籤連結，在 **拍賣** 的連結頁面中按售出商品旁的 **標示為已售出** 鈕。

02 也可以返回原始貼文，按右上方的 ⌄ \ **標示為已售出**。

若要重新刊登商品，請點擊標示為可供購買。

01 前往 Facebook 社團，再選按 **你的商品** 頁籤連結，在 **已售出** 的連結頁面中按售出商品旁的 **標示為尚有存貨** 鈕。

02 也可以返回原始貼文，按右上方的 ⌄ \ **標示為尚有存貨**。

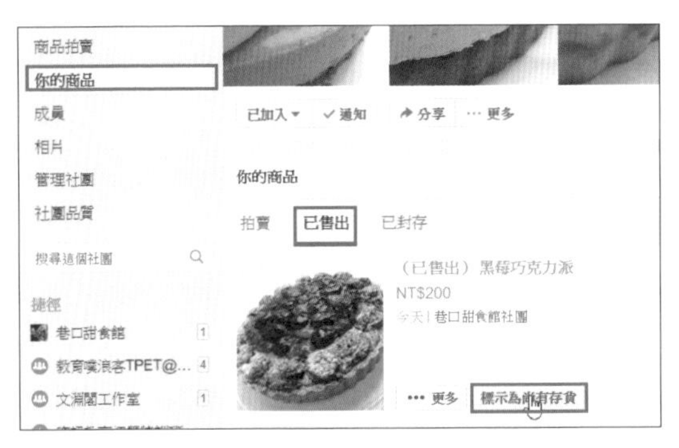

QUESTION 110

如何刪除 Facebook 社團？

因為系統會自動刪除沒有成員的社團，如果希望刪除建立的 Facebook 社團，管理員必須先移除所有成員，之後再將自己移除即可完成。若要刪除社團，設定的步驟如下：

01 前往要刪除的 Facebook 社團，再選按 **成員** 頁籤連結。

02 選按每位成員姓名旁的 ☒，然後選擇 **從社團移除**。

03 移除其他成員之後，再選擇管理員姓名旁邊的 ☒，選擇 **退出社團**。

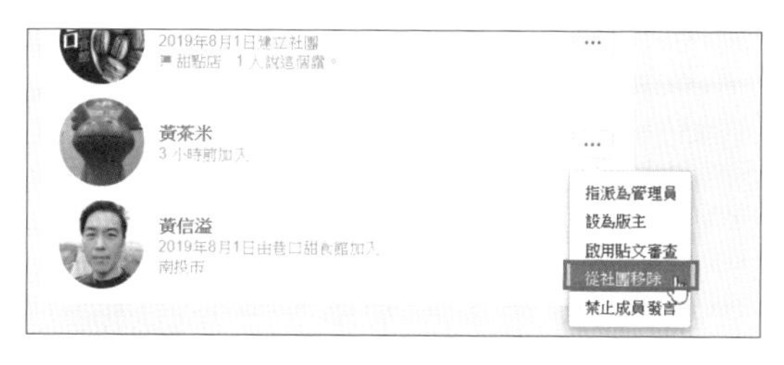

特別要注意：因為刪除社團屬永久性動作，一旦完成就無法恢復。如果您是管理員，建議可以按下上方功能表的 ⋯ \ **封存社團** 來取代刪除的動作。

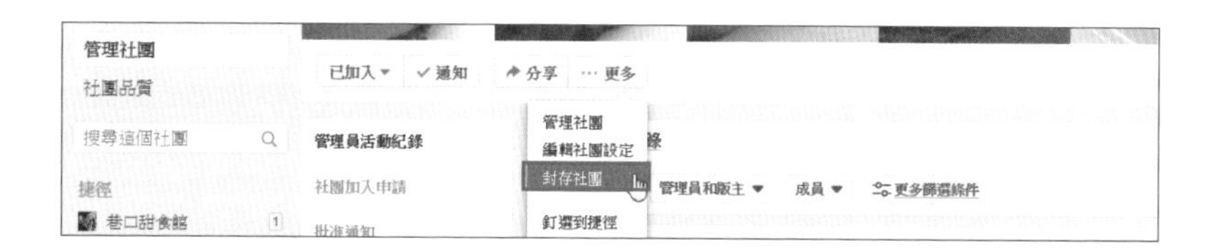

QUESTION 111

粉絲專頁刪除後連結的社團會受到什麼影響？

若粉絲專頁退出社團或遭到刪除，該社團便不再與原來的粉絲專頁連結。系統會保留社團的內容，但管理員可能會有所變動：

- 如果社團還有其他管理員，管理員便不會有任何變動。
- 如果社團沒有其他管理員，則社團裡的任何成員都能認領管理員角色。

MEMO

母湯喔！當小編只會複製貼上？粉絲專頁萬用百寶箱

QUESTION 112

認識及申請 Chatfuel 客服機器人服務

你知道嗎？在 Facebook 粉絲專頁中大部份的留言，不論是貼文回覆、私訊回覆，有八成以上的問題都大同小異。如果都要小編一個個處理回覆，不知道要浪費多少時間與人力，所以客服機器人的誕生就是為了解決這個問題啦！

認識客服機器人的服務

現在許多粉絲專頁中都能看到客服機器人出現，它除了能處理重複繁重的工作，還可 24 小時待命，加上人工智慧的幫助，還能協助小編們舉辦行銷活動。但沒有能力開發程式，又沒有預算外包，天啊，難道小編們就只能在一旁羨慕？不要煩惱了，就跟著我們的腳步操作，打造出一個功能全面又免費的客服機器人吧！

申請 Chatfuel 客服機器人服務

Chatfuel 誕生於 2015 年夏天，在服務上線後因為功能強大但建置輕鬆，用戶數急速增加，目前已經是全球最大的聊天機器人服務平台。申請的方式如下：

01 進入 Chatfuel 網站：「https://chatfuel.com」，選按中間的 **Get started for free** 鈕。

02 此時就要使用管理者的 Facebook 帳號申請 Chatfuel 服務，按 **以「管理者」的身份繼續** 鈕。

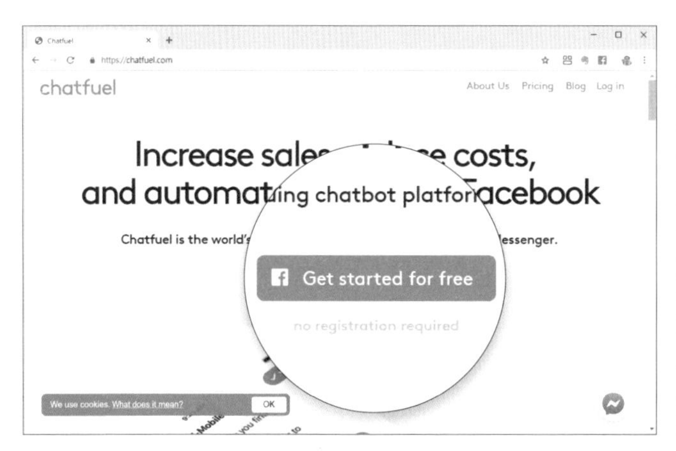

03 選擇要搭配 Chatfuel 使用的粉絲專頁後按 **下一步** 鈕，再設定權限，建議保留預設選項，按 **下一步** 鈕後就完成連結的動作，按 **確定** 鈕。

04 接著就可以開始建立聊天機器人。請選擇要建置的粉絲專頁，按 **CONNECT TO PAGE** 鈕，接著選擇方案，這裡先選擇 **FREE**，按 **Select Free** 鈕。

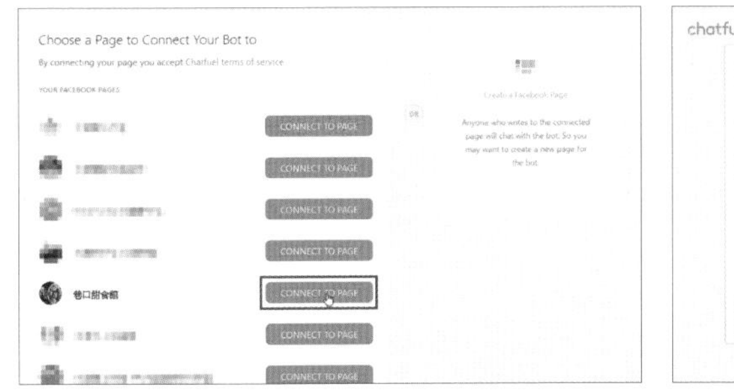

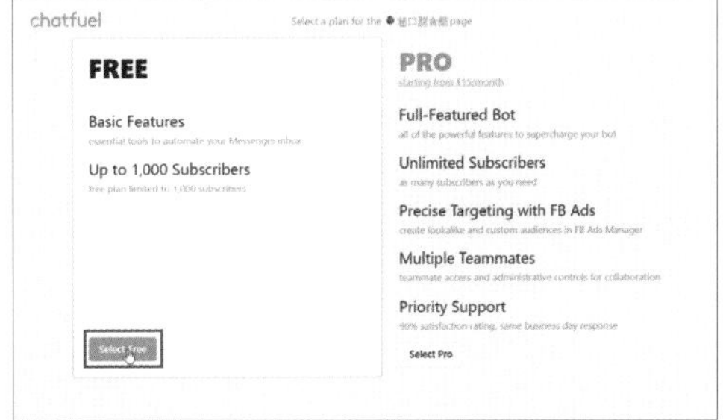

05 如此即進入聊天機器人功能的設計畫面。

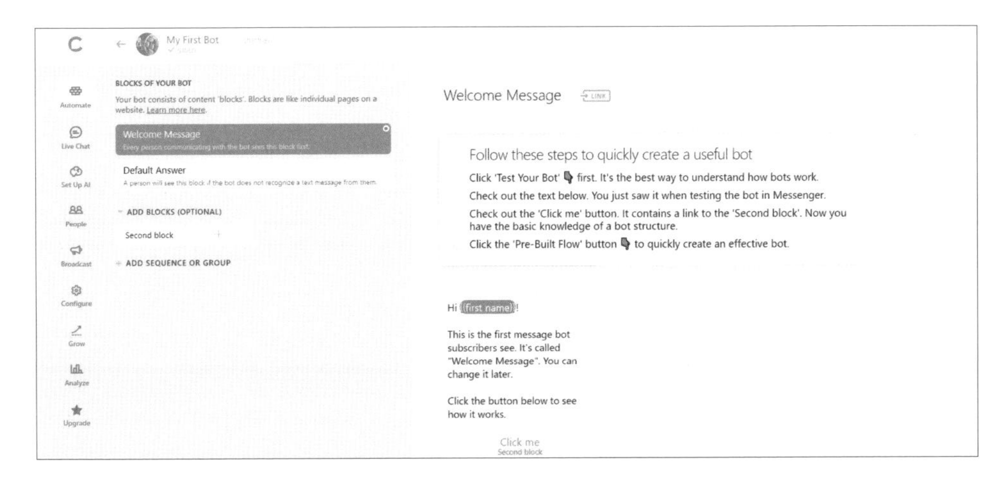

QUESTION 113

讓機器人自動對粉絲打招呼：歡迎訊息區塊

歡迎訊息 區塊是指粉絲第一次使用訊息功能跟專頁聯絡時顯示的訊息區塊。在 Chatfuel 平台中這是預設的訊息區塊。

這裡將介紹如何由無到有建置一個客服機器人。

新增一個空白的客服機器人

請先刪除這個已經建立的機器人。選取左上角的 Logo 回到控制台，選按機器人區塊右上角的 ⋯ \ **Delete**，然後在對話方塊輸入要求文字，再按 **Delete Bot** 鈕。

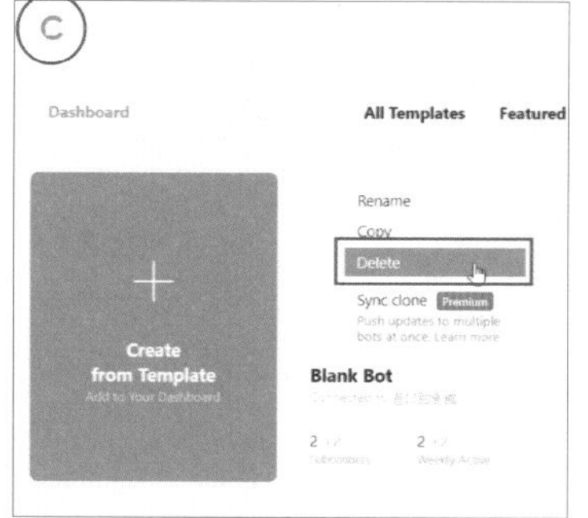

接著就要新增一個空白的客服機器人：

01 按下 **Create from Template** 鈕後再按 **Blank Bot**，可新增一個空白機器人。

02 選按機器人區塊右上角的 ⋯ \ **Rename**，自訂機器人的名稱後按 **Connect** 鈕。

03 接著選擇要建置的粉絲專頁，按 **Connect To Page** 鈕。

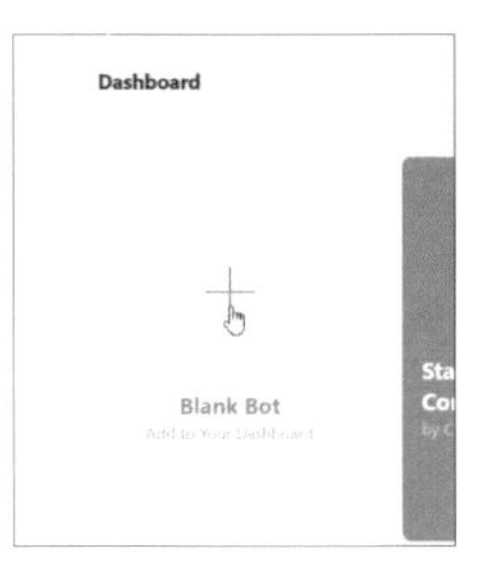

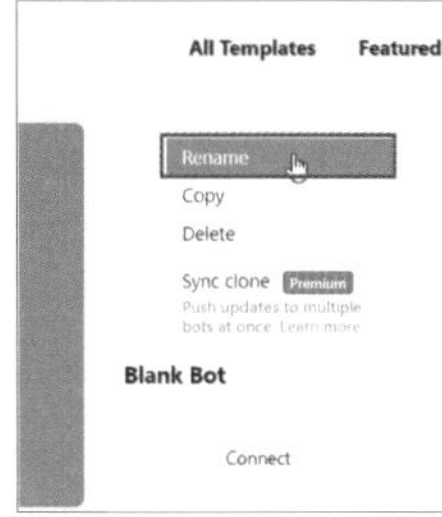

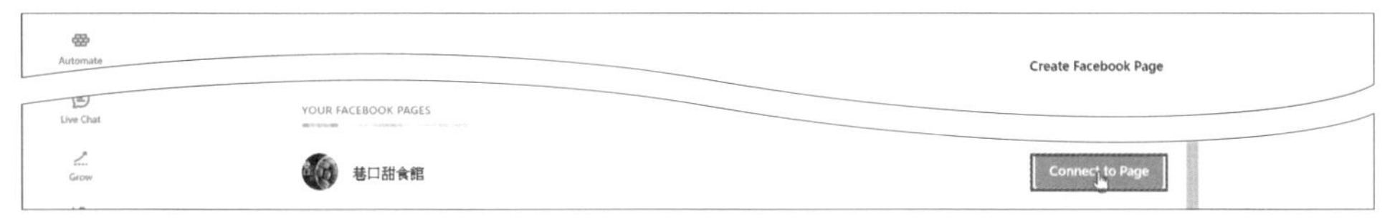

設定歡迎訊息區塊

01 預設會進入 **Automate** 單元，選擇 **Welcome Message** 區塊，右方會顯示訊息內容。其中 **{{first name}}** 會顯示粉絲的名稱。

02 請將訊息內容修改為中文，在下方按 **+ADD BUTTON (OPTIONAL)** 新增按鈕。

03 對話方塊設定「進入客服」為按鈕文字，按下按鈕前往 **Default Answer** 區塊。

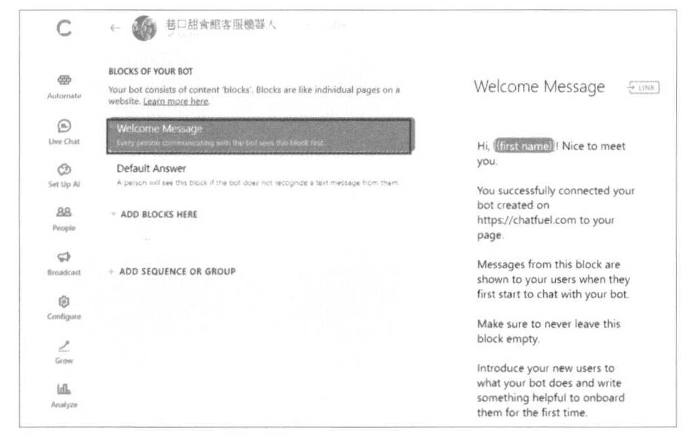

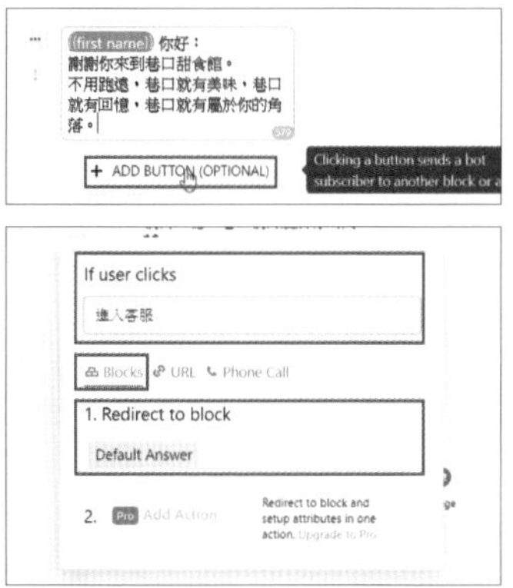

如此即完成歡迎訊息區塊的設定。

QUESTION 114

讓粉絲私訊不撲空：預設回答區塊

預設回答 區塊是指粉絲留下聯絡訊息後，在沒有引導到其他功能區塊的狀況下，預設會顯示的訊息區塊。在 Chatfuel 平台中這也是預設的訊息區塊。

預設回答區塊的功能類似整個客服機器人的首頁，建議在建置時將常問的問題、功能放置在這個區塊，方便粉絲聯絡與使用。

在這裡將在預設回答中設定詢問營業時間、服務電話及店面地址的功能。

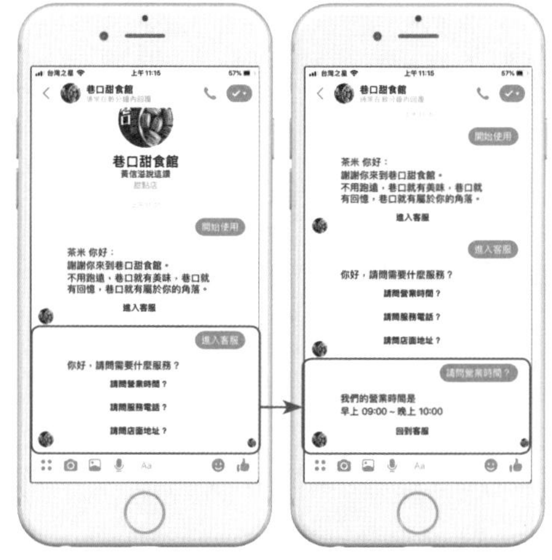

▲ 詢問營業時間

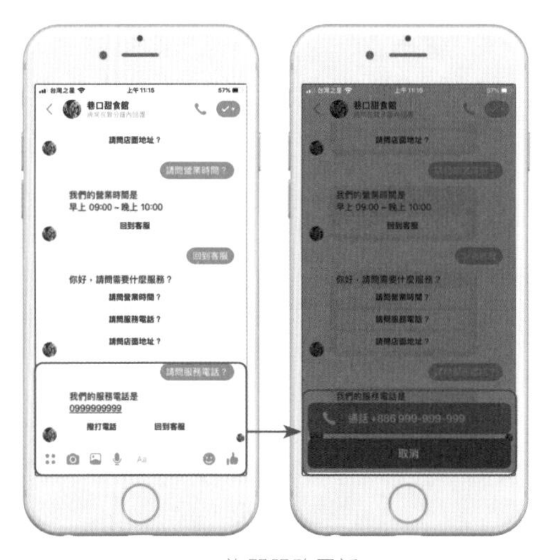

▲ 詢問服務電話

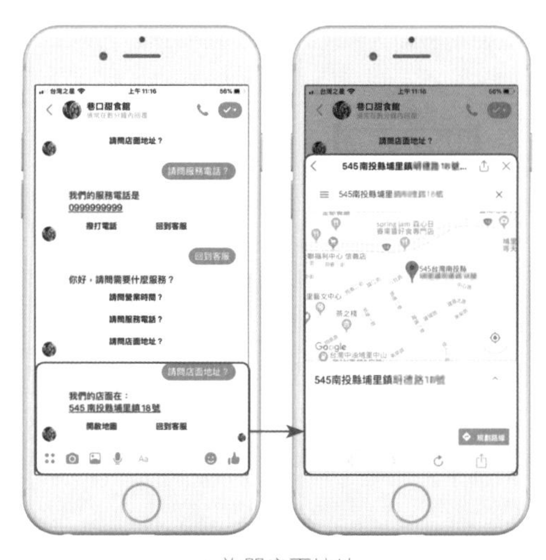

▲ 詢問店面地址

因為客服機器人在回答營業時間、服務電話及店面地址時都必須要有對應回應的區塊，所以在完成預設回答區塊前，必須先建置這些會使用到的區塊，再回到預設回答區塊進行指引才能完成。

新增自訂區塊：營業時間

這個自訂區塊較為單純，會顯示營業時間的文字資訊，再加上一個「回到客服」的按鈕。

01 進入 **Automate** 單元，在 **ADD BLOCKS HERE** 中按 **+** 新增一個自訂區塊，在右方填上標題「營業時間」，接著在 **Add Element** 中選按 **Text** 新增文字物件。

02 在訊息內容欄填上營業時間資訊，在下方按 **+ADD BUTTON (OPTIONAL)** 新增按鈕，欄位中設定「回到客服」為按鈕文字，按下按鈕前往 **Default Answer** 區塊。

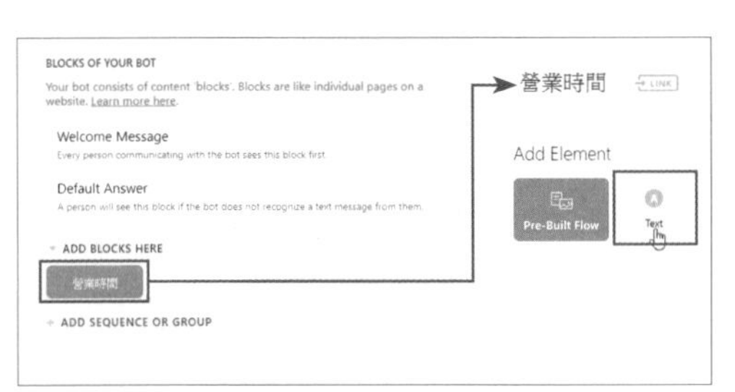

新增自訂區塊：服務電話

這個自訂區塊除了顯示服務電話的文字資訊還有「回到客服」按鈕，還可以顯示「撥打電話」按鈕，讓使用者可以在按下後撥打電話。

01 進入 **Automate** 單元，在 **ADD BLOCKS HERE** 中按 **+** 新增一個自訂區塊，在右方填上標題「服務電話」，接著在 **Add Element** 中選按 **Text** 新增一個文字物件。

02 在訊息內容欄填上營業時間資訊，在下方按 **+ADD BUTTON (OPTIONAL)** 新增按鈕，欄位中設定「撥打電話」為按鈕文字，選擇 **Phone Call** 連結類別，並在下方欄位輸入電話號碼。

03 在下方按 **+ADD BUTTON (OPTIONAL)** 新增按鈕，欄位中設定「回到客服」為按鈕文字，按下按鈕前往 **Default Answer** 區塊。

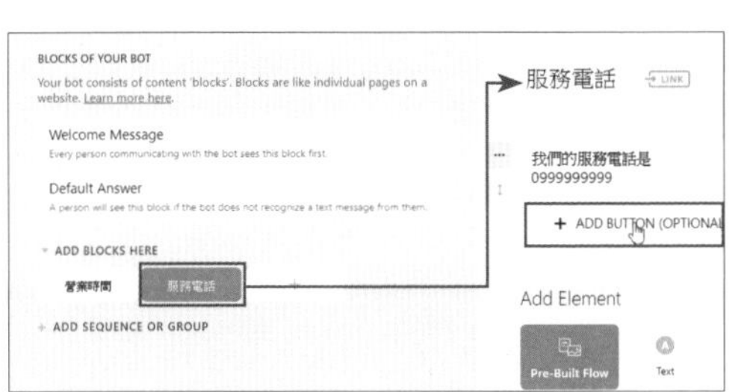

新增自訂區塊：店面地址

這個自訂區塊除了顯示店面地址的文字資訊，還有原來的「回到客服」按鈕外，還可以設定「開啟地圖」按鈕，讓使用者按下後顯示 Google Maps 地圖。

01 進入 **Automate** 單元，在 **ADD BLOCKS HERE** 中按 **+** 新增一個自訂區塊，在右方填上標題「店面地址」，接著在 **Add Element** 中選按 **Text** 新增一個文字物件。

02 在訊息內容欄填上營業時間資訊，在下方按 **+ADD BUTTON (OPTIONAL)** 新增按鈕，欄位中設定「開啟地圖」為按鈕文字，選擇 **URL** 連結類別，並在下方欄位輸入預先查詢好的 Google Maps 地圖網址。

03 在下方按 **+ADD BUTTON (OPTIONAL)** 新增按鈕，欄位中設定「回到客服」為按鈕文字，按下按鈕前往 **Default Answer** 區塊。

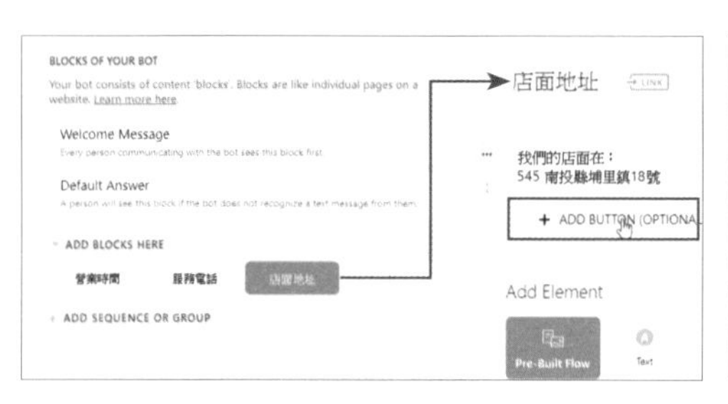

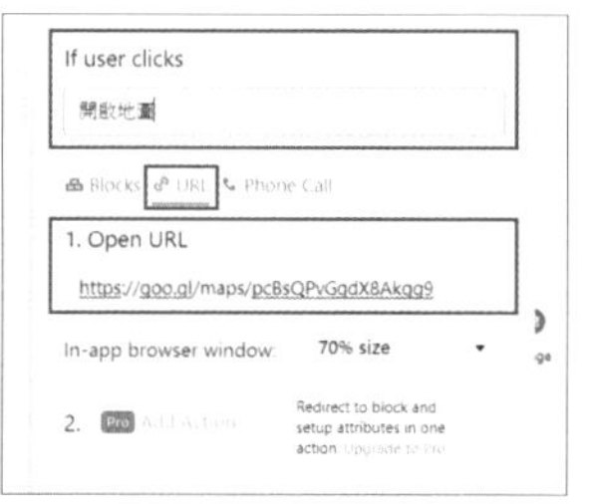

設定預設回答區塊

最後回到預設回答區塊，其中要顯示「請問營業時間?」、「請問服務電話?」及「請問店面地址?」三個按鈕，分別前往剛新增的三個自訂區塊。

01 選擇 **Default Answer** 區塊，請將右方訊息內容修改為中文。

02 按下方 **+ADD BUTTON (OPTIONAL)** 新增按鈕，對話方塊設定「請問營業時間?」為按鈕文字，按下按鈕前往 **營業時間** 區塊。

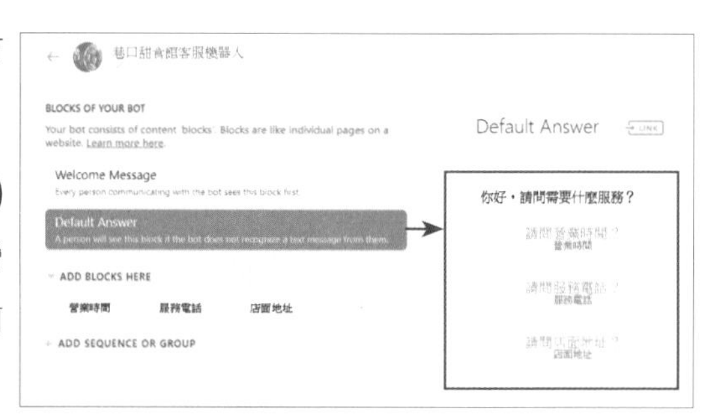

03 使用相同的方式，再新增「請問服務電話?」及「請問店面地址?」二個按鈕，分別前往 **服務電話** 及 **店面地址** 區塊。

QUESTION 115

客服機器人使用圖片回覆訊息

客服機器人的訊息除了文字之外，也能使用圖片。善用訊息中的圖片能豐富顯示的畫面，有時候用圖片進行溝通會更方便、更直接。

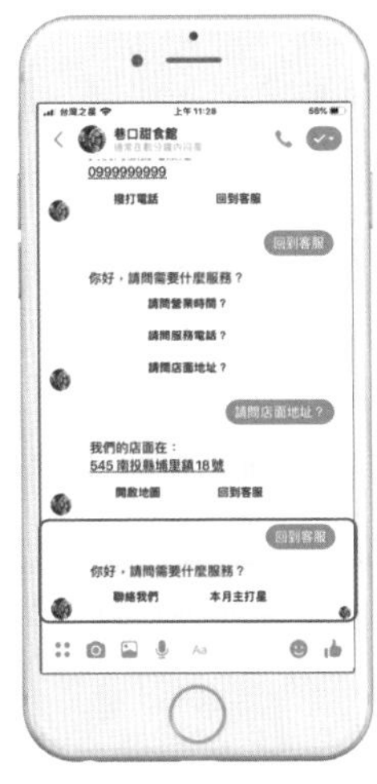

調整區塊的按鈕內容

在每個區塊中最多只能有三個按鈕。以剛才的狀況為例，為了要讓預設回答區塊能再容納其他按鈕，要先刪除所有按鈕，以單一「聯絡我們」按鈕取代。

01 新增自訂區塊：「聯絡我們」，將營業時間、電話及地址資料整理在區塊中。

02 選擇 **Default Answer** 區塊，請將區塊中的按鈕全部刪除。

03 按下方 **+ADD BUTTON (OPTIONAL)** 新增按鈕，對話方塊設定「聯絡我們」為按鈕文字，按下按鈕前往 **聯絡我們** 區塊。

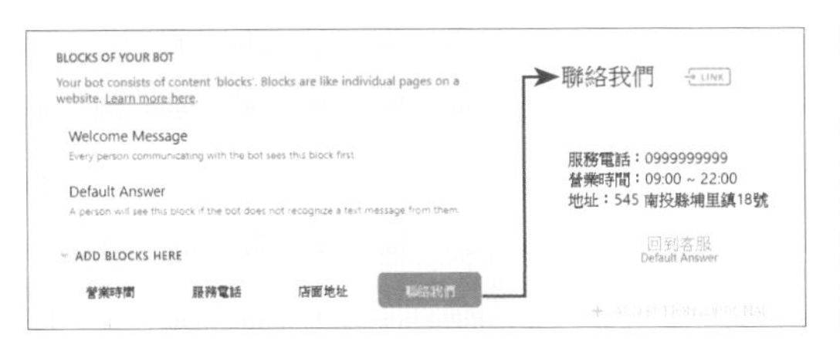

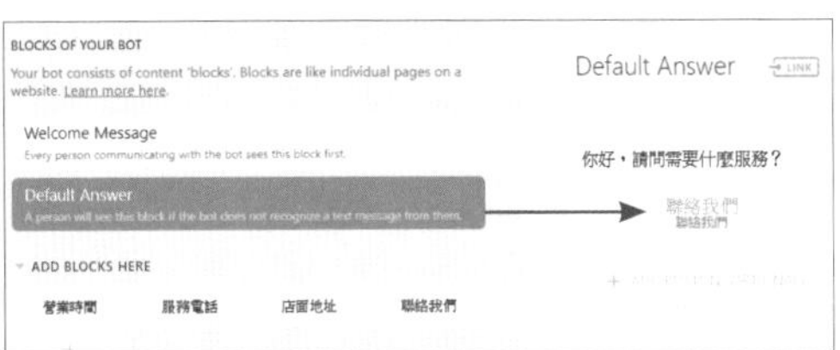

新增自訂區塊：本月主打星

這個自訂區塊會顯示本月主打甜點的圖片，除了「回到客服」按鈕外，還可以設定「詳細資料」按鈕，讓使用者可以在按下後顯示甜點產品的頁面。

01 進入 **Automate** 單元，在 **ADD BLOCKS HERE** 中按 **+** 新增一個自訂區塊，在右方填上標題「本月主打星」，接著在 **Add Element** 中選按 **Image** 新增圖片物件。

02 按 **Upload Image** 上傳產品的圖片，接著在 **Add Element** 中按 **Text** 新增文字物件。

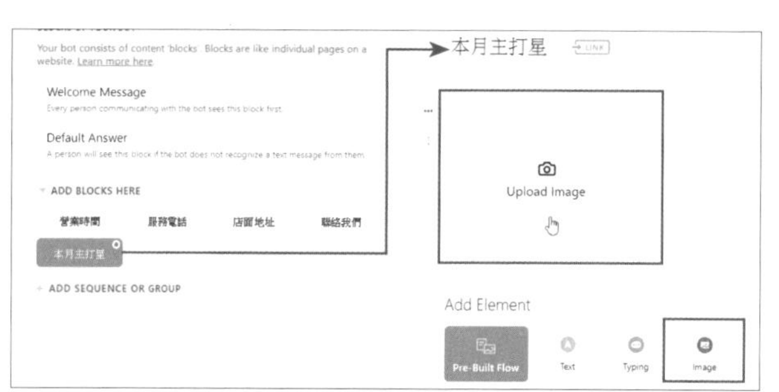

03 在訊息內容欄填上產品資訊，在下方按 **+ADD BUTTON (OPTIONAL)** 新增按鈕，欄位中設定「詳細資料」為按鈕文字，選擇 **URL** 連結類別，並在下方欄位輸入預先準備好的產品頁面網址。

04 在下方按 **+ADD BUTTON (OPTIONAL)** 新增按鈕，欄位中設定「回到客服」為按鈕文字，按下按鈕前往 **Default Answer** 區塊。

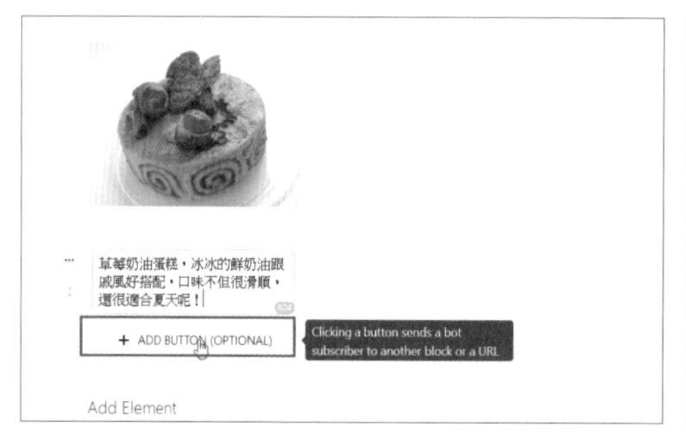

05 最後再回到預設回答區塊將「本月主打星」加到選項。選擇 **Default Answer** 區塊，按下方 **+ADD BUTTON (OPTIONAL)** 新增按鈕，對話方塊設定「本月主打星」為按鈕文字，按下按鈕前往 **本月主打星** 區塊。

QUESTION 116

在客服機器人訊息中加入圖片表列

客服機器人的訊息除了可以加入圖片外，還能加入圖片列表。如此一來即可實現產品列表或是購物車清單的效果，對於產品推廣或是行銷很有幫助。

▲ 在客服機器人訊息中加入圖片列表

▲ 每個圖片項目加入各自的功能按鈕

新增自訂區塊：新品上市

這個自訂區塊會顯示新品上市甜點的產品圖片列表，除了「詳細資訊」按鈕外，「分享」按鈕可以讓使用者分享甜點的資訊給其他人。

01 進入 **Automate** 單元，在 **ADD BLOCKS HERE** 中按 **+** 新增一個自訂區塊，在右方填上標題「新品上市」，接著在 **Add Element** 中選按 **Gallery** 新增圖片列表物件。

02 按 **Upload Image** 準備上傳產品的圖片。

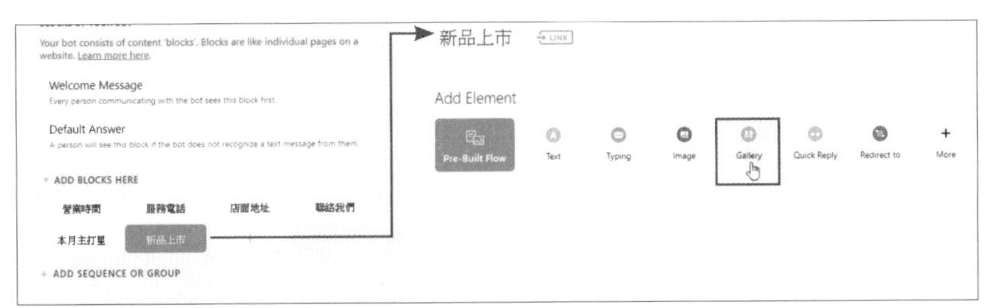

03 接著設定圖片列表裡圖片的展示方式，請保留預設按 **NEXT** 鈕。

04 接下來進入圖片編輯畫面，請裁剪圖片到適當大小尺寸後按 **DONE** 鈕。

05 回到原畫面中，請填上圖片標題、說明及連結網址。

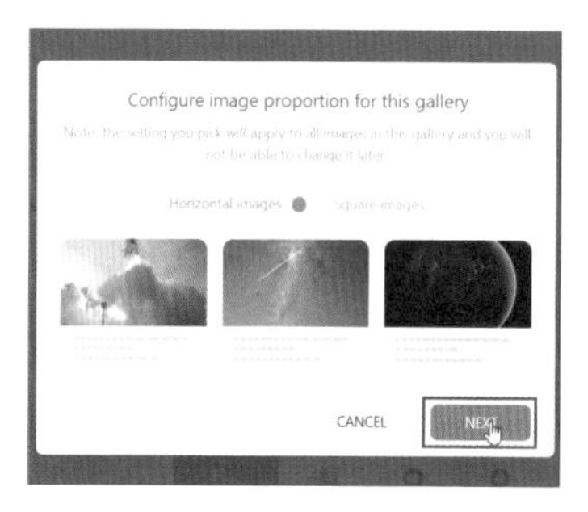

新增圖片列表項目的按鈕

01 在下方按 **+ADD BUTTON (OPTIONAL)** 新增按鈕，欄位中設定「詳細資訊」為按鈕文字，選擇 **URL** 連結類別，並在下方欄位輸入預先準備好的產品頁面網址。

02 繼續按 **+ADD BUTTON (OPTIONAL)** 新增按鈕，選擇 **Share** 連結類別。

03 如此即完成圖片列表中的第一個項目，請利用相同的方式再新增其他的項目。

04 最後再回到預設回答區塊將「本月新品」加到選項。選擇 **Default Answer** 區塊，按下方 **+ADD BUTTON (OPTIONAL)** 新增按鈕，對話方塊設定「本月新品」為按鈕文字，按下按鈕前往 **本月新品** 區塊。

QUESTION 117

在客服機器人訊息中加入快速回覆

快速回覆就是將使用者常詢問的問題、常使用的功能製作成顯示在下方的關鍵字按鈕，使用者只要輕輕一點即能觸發，客服機器人即可根據設定進行對應的處理。

01 進入「新品上市」自訂區塊後，將輸入線移到右方內容所有物件的下方，接著在 **Add Element** 中選按 **Quick Reply** 新增快速回覆物件。

02 在對話方塊欄位中設定「回到客服」為按鈕文字，按下前往 **Default Answer** 區塊。

03 按 **ADD QUICK REPLY** 繼續新增，在對話方塊欄位中設定「本月主打星」為按鈕文字，按下前往 **本月主打星** 區塊。

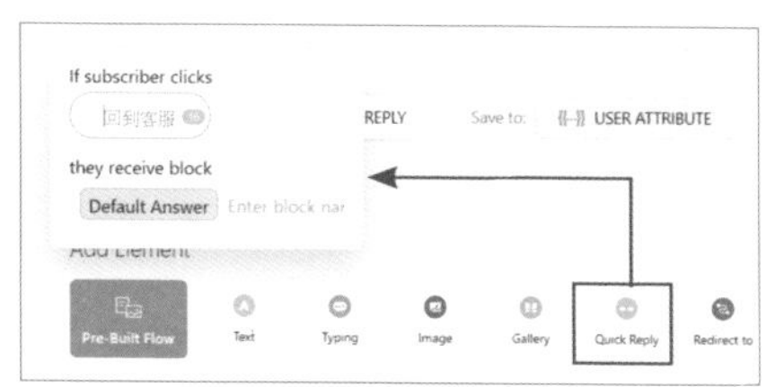

你可以利用相同的方式再多設定幾個關鍵字按鈕，方便使用者應用。

QUESTION 118

為客服機器人加入人工智慧回覆功能

客服系統可以透過一些技巧來導引或簡化客戶的問題方向，但是總會出現詢問的問題不在設想範圍的情況，要是客服機器人也有人工智慧就好了！

其實 Chatfuel 真的有這個功能，名稱叫做：**Set Up AI**，它是利用設定的關鍵字來判斷客戶的問題，再給予適當的回應。

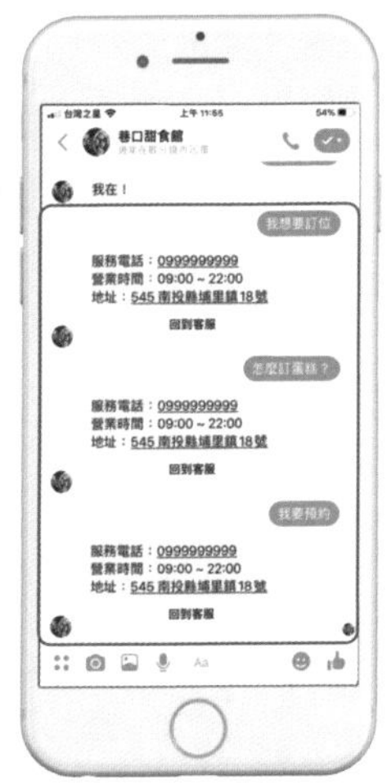

01 進入 **Set Up AI** 單元，在 **Default group** 中輸入某一個同類問題可能使用的關鍵字。當有多個關鍵字時，每輸入完一個就要按 **Enter** 鍵，系統會自動隔開。

02 客服機器人回應的方式有二種，一種是文字，一種是導向指定回應區塊。如果按下後方的 **Text** 連結，就能用文字輸入回應。

03 如果按 **Block** 連結，就能指定回應區塊。

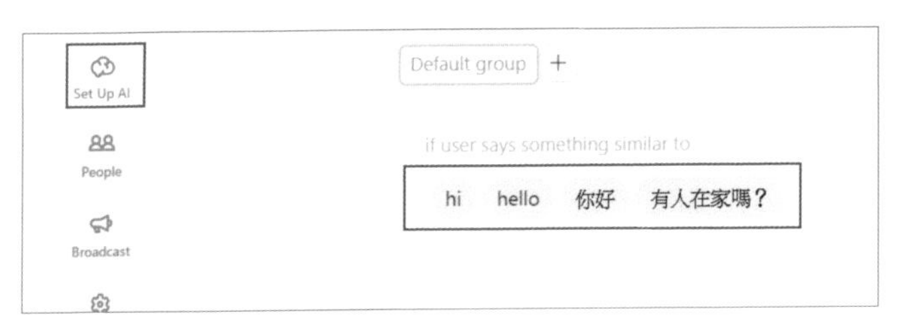

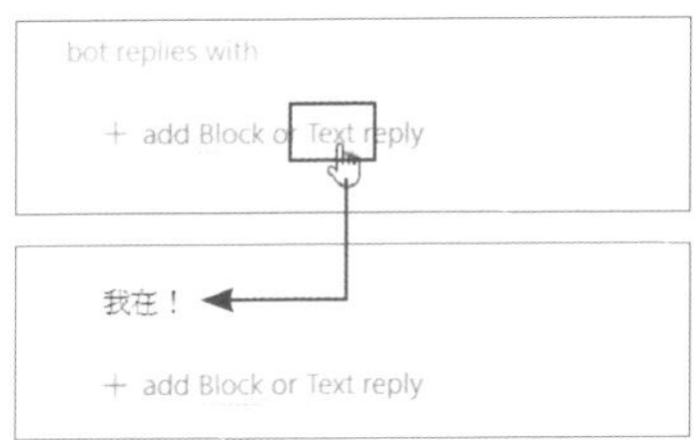

QUESTION 119

用客服機器人舉辦留言關鍵字回覆行銷活動

現在有越來越多的粉絲專頁利用留言回覆關鍵字的方式來舉辦活動，利如要求粉絲在貼文下方留下「+1」，客服機器人即會用訊息自動回覆優惠的方式。這個方式受到許多人的歡迎，也能大大提升貼文的互動觸及率，以下就來說明如何利用 Chatfuel 來舉辦這樣的活動。

▲ 在活動貼文下方留下指定的關鍵字，客服機器人即會立即回覆相關訊息。

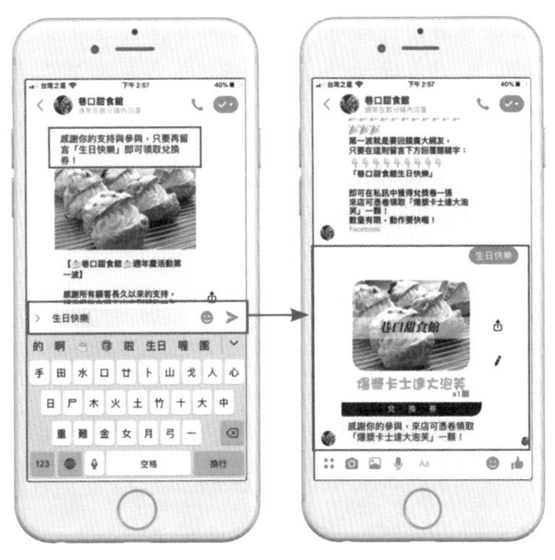

▲ 在回覆訊息中再請粉絲輸入關鍵字確認參與活動，客服機器人才會自動回覆優惠。

關鍵字活動建置流程說明

以目前範例粉絲專頁為例，主辦者希望粉絲在活動貼文下留下「巷口甜食館生日快樂」關鍵字，如此即會啟動客服機器人自動留言給有回覆關鍵字的粉絲，在留言中會再要求粉絲回覆「生日快樂」的關鍵字，客服機器人才會自動回覆優惠券給粉絲。

在 Chatfuel 中的設定流程如下：

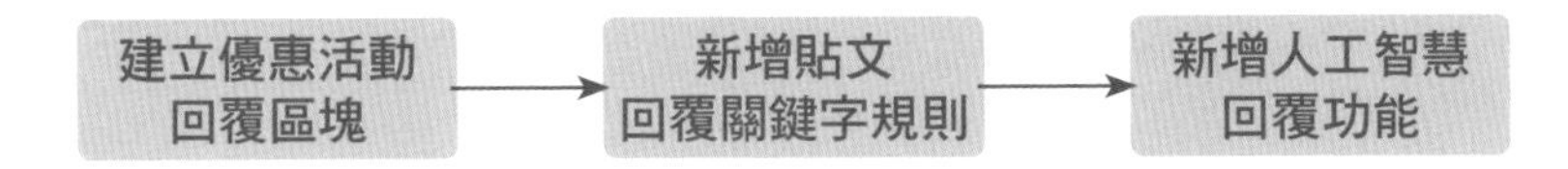

建立優惠活動回覆區塊

01 進入 **Automate** 單元，按 **ADD SEQUENCE OR GROUP / Group** 新增一個自訂區塊「活動回應區塊」，未來其他的活動的回應區塊都可以放在這。

02 新增一個「週年慶活動」區塊，其中上傳了優惠券圖片以及優惠活動說明文字。

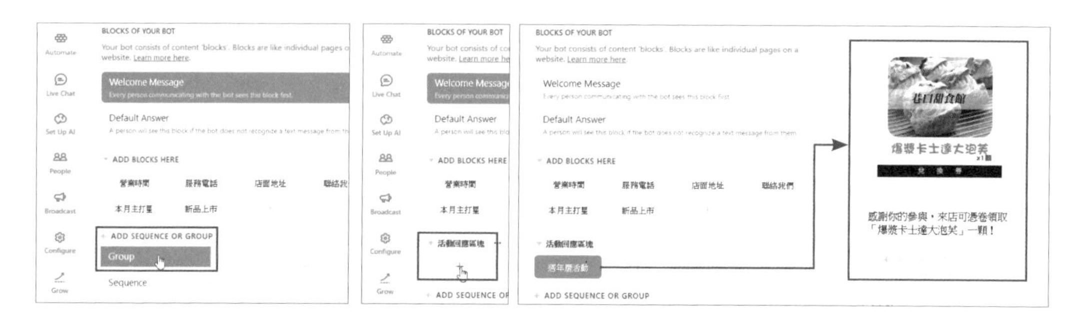

新增貼文回覆關鍵字規則

如果希望因為貼文中的關鍵字來啟動客服機器人自動回應訊息，就必須使用 **Grow** 單元中的 **Acquire Users from Comments** 功能。

01 進入 **Grow** 單元，按 **Acquire Users from Comments** 的 **ADD RULE** 新增規則。

02 設定規則名稱後，在 **TRACK COMMENTS UNDER** 設定 **Specific Post**，意思是追蹤的貼文留言並不是所有貼文，而是指定的貼文，在 **FACEBOOK POST TO TRACK COMMENTS** 中要輸入該貼文的網址。

03 在 **REPLY TO POST COMMENTS** 中選 **Comments Matching a Rule** 表示根據關鍵字進行回應。在下方設定好關鍵字及回應文字，再按下 **DONE** 鈕完成設定。

新增人工智慧回覆功能

如果規劃留言回覆關鍵字活動時，客服機器人只需要自動回覆文字訊息，那只需要設定到上一個步驟。但若是如本範例，最後希望能再回傳一個指定的回應區塊，其中可能包含更多內容，例如圖片(本例中是優惠券圖片)，就需要再利用人工智慧回覆功能。

01 進入 **Set Up AI** 單元，在 **Default Group** 中新增一個區塊。

02 這裡設定粉絲回覆的訊息包含了：「生日快樂」或「Happy Birthday」關鍵字時，就會導引前往「週年慶活動」的自訂回應區塊。

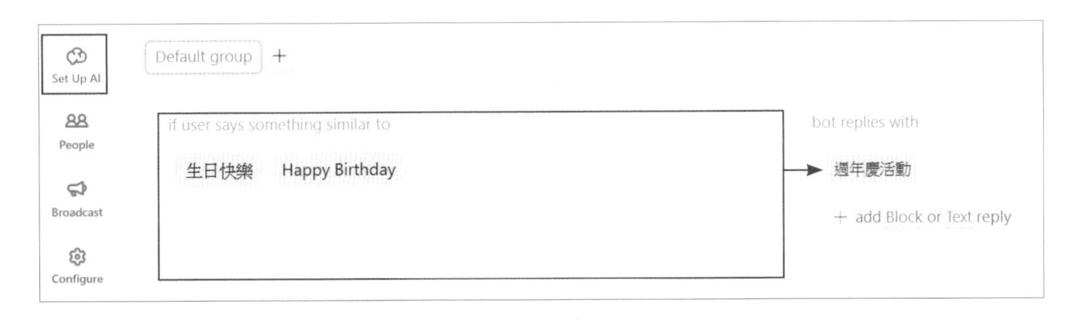

QUESTION 120

用「Landscope」為社群圖片最佳化

有圖有真相，在 Facebook 上一張適當的圖片往往比小編嘔心瀝血的長篇大論來得有用！但是選一張有說服力的圖片已經十分困難，又要裁成適合 Facebook 上各個區塊尺寸的圖片就更加困難了！有沒有什麼工具可以幫小編們將要使用的圖片一次處理成符合所有區塊的尺寸呢？

認識社群圖片編輯神器：Landscope

Facebook 粉絲專頁無論在貼文用圖、封面照片、大頭貼照、連結縮圖，甚至是手機版的應用上都有其最適合的圖片尺寸，雖然在上傳後，Facebook 系統都會盡量將圖片調整到最合適的位置，但常常呈現的結果仍然不是小編們想要強調的重點。所以最好在上傳前就將圖片處理成最佳的尺寸，才能讓圖片達到最佳的曝光效果。

Landscope (https://sproutsocial.com/landscape) 可以一次產出應用在 Facebook 上各種尺寸的圖片，如大頭貼照、封面圖片、相關連結圖片、貼文圖片 ... 等。對於經常要處理 Facebook 圖片的小編來說，不用苦求設計也能自己搞定美圖了。

▲ Landscope (https://sproutsocial.com/landscape)

Landscope 的使用方式

Landscope 是一個線上工具，不僅功能強大，而且無需註冊即可馬上使用。以下將以實例說明使用方法：

01 請由「https://sproutsocial.com/landscape」進入 Landscope 線上工具的網站。

02 可以將要處理的圖片拖曳到畫面下方的 **Drop your images or upload** 區域進行上傳，或是在該區域按下滑鼠左鍵開啟檔案總管視窗，選取本機中要處理的圖片後按 **開始** 鈕。

03 圖片上傳完畢之後，首先要設定要應用的社群網站，除了 Facebook 之外，還包含了 Twitter、Instagram、Linkedin、Google+、Pinterest 及 YouTube。這些應用的社群可以複選，選擇好了之後按 **Next** 鈕。

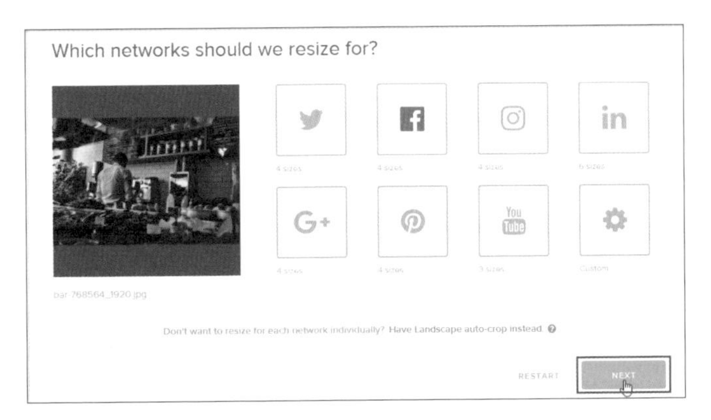

04 接著會根據選好的社群網站提供不同功能的圖片尺寸以供選擇。以 Facebook 為例，可以產生的圖片有大頭貼照、封面圖片、相關連結圖片、貼文圖片，可以多選，選擇好了之後按 **Next** 鈕。

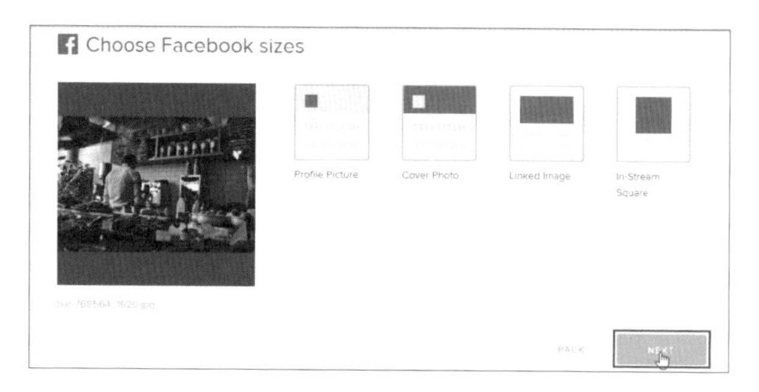

05 針對不同的圖片尺寸進行設定後，最後按 **DOWNLOAD** 鈕下載。

06 下載後解壓縮，其中包含了所有剛設定尺寸的圖片，可立即應用在 Facebook。

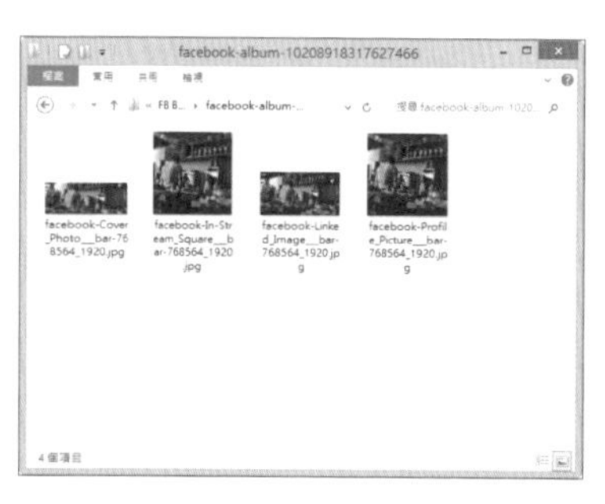

QUESTION 121

用「Stencil」製作出提升點擊率的吸睛圖片

想要提高 Facebook 粉絲頁面貼文的曝光率，除了要投入廣告預算之外，設計能打動人心的宣傳文案，再搭配引人注目的圖片，才是增加貼文自然點擊率與分享的不二法門。但是在實際的狀況下，不是每個小編都能具有絕佳的文宣設計能力，有什麼工具能幫小編快速產出提高點擊率的吸睛圖片呢？

認識社群圖片的好工具：Stencil

想要製作能夠吸引人的 Facebook 圖片有二個很難突破的關卡：一是如何找尋適合的圖片？二是如何調整圖片的尺寸並加上相關的文字？過去苦命的小編總要花許多時間去搜尋可用的圖片素材，有些還必須付費來購買。取得素材後才是工作的開始，因為圖片還需要經過編修加工再搭配宣傳文字到 Facebook 上貼文。

Stencil (https://getstencil.com) 不僅提供了豐富的圖片，還能根據設定的尺寸在線上進行編輯。除了可以加上文字、設定效果，還能再加上內建或自訂的圖示、商標圖片或浮水印，豐富整個圖片的內容。哇！這麼厲害的工具，小編們可別錯過了啊！

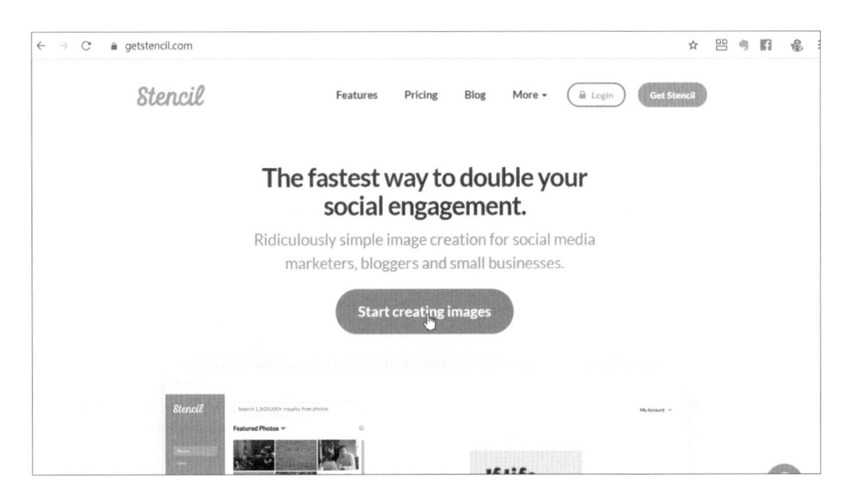

▲ Stencil (https://getstencil.com)

Stencil 的使用方式

Stencil 的線上服務必須要先加入會員，功能使用有分免費及付費的不同。一開始先使用免費的功能也很夠用了。以下將以實例且免費的部份來說明使用方法：

01 請由「https://getstencil.com」進入 Stencil 線上工具的網站，請註冊會員並登錄系統。

02 在首頁按 **Start creating images** 鈕進入套裝服務的選擇頁面，建議先由免費的服務進行試用，請於 Free 套裝中按 **Get Started** 鈕。

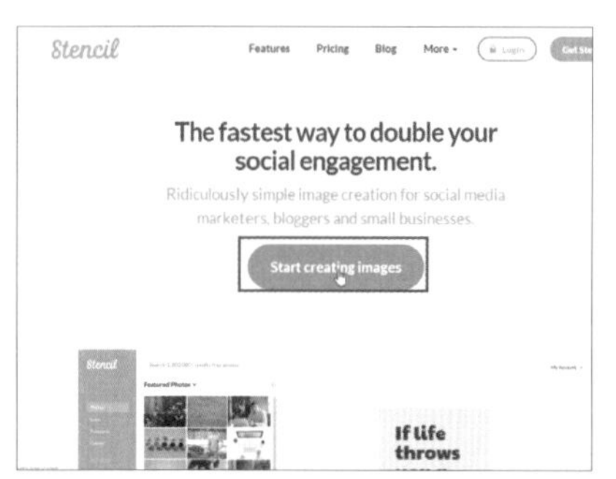

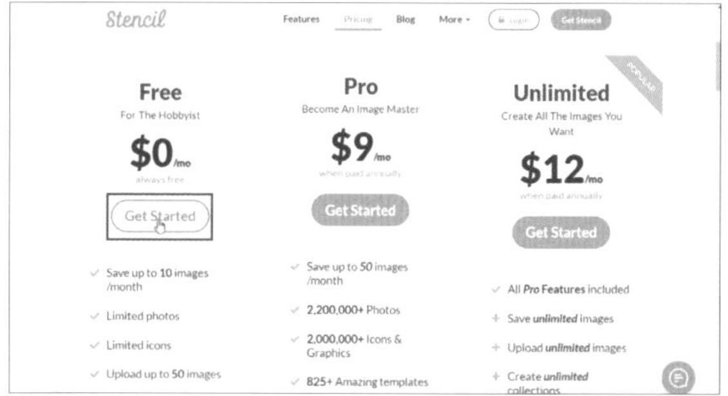

03 進入編輯的主畫面之後，在 **Photos** 項目下可看到有許多圖片可供選擇。

04 右側是圖片的編輯區，請先選擇圖片的尺寸。在列表中除了可以自訂之外，還提供了不同社群圖片的尺寸可供選擇。

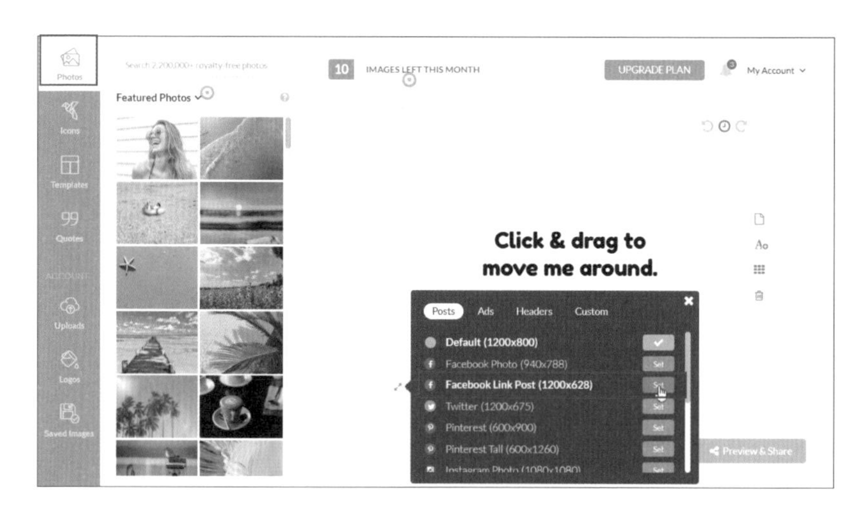

05 建議可以使用關鍵字篩選左側的圖片，拖曳到右方時會顯示二個區塊，放置在上方會變成圖片的背景，放置在下方會成為圖片上的物件。

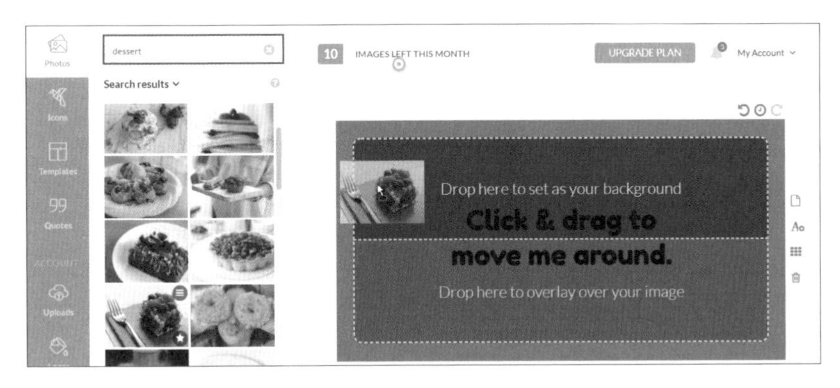

06 這裡將圖片拖曳到上方成為背景圖片，可以在浮動方塊上設定圖片的效果。

07 接著選按右方編輯區上的文字，除了可以修改文字內容外，還可以在顯示的屬性方塊上調整文字的效果。

08 除了背景圖片，還可以插入圖示或圖片。選按 **Icons** 項目可看到有許多圖示可供選擇，拖曳到編輯區可以進一步調整屬性。

09 如果有自製的圖片，也可以按 **Uploads** 項目，將圖片拖曳到 **Upload Images** 區塊上傳，再拖曳到編輯區中使用。

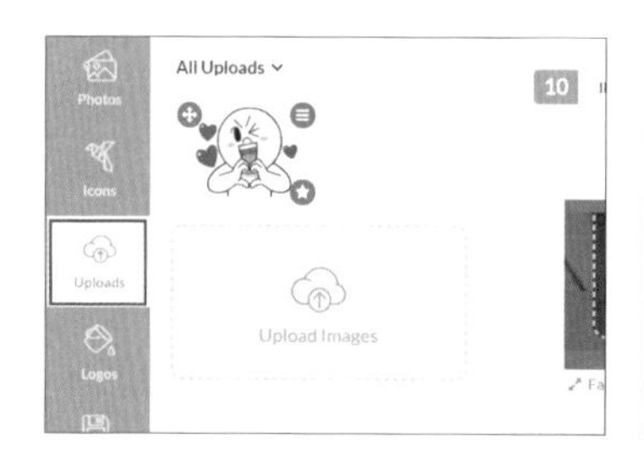

10 完成編輯時，請按下方的 **Save** 鈕儲存，按 **Download** 鈕即可下載。在對話方塊中可以設定檔名、檔案格式及尺寸，最後按 **Start Download** 鈕。

11 下載後即可將圖片應用在 Facebook 上。

要 注 意

Stencil免費版的限制

Stencil 雖然功能強大，但是如果使用的是免費版會有一些限制。最為明顯的是，每個月能使用的圖片只有 10 張 (自己上傳也算喔)，能使用的圖庫數量也是有限制的。不過 Stencil 的服務並不會在圖片上加入版權圖示或浮水印，對小編來說還是很夠用的。

小美人魚戳了你一下！

QUESTION 122

用「Fotojet」製作拼貼、設計編輯圖片

因為智慧型手機的流行，取得照片變得相當容易。想要快速的調整照片，或是進行修圖、加入濾鏡特效或裁切調整大小，只要搭配圖像編修的 App，都能輕鬆完成。電腦上雖然也有重量級如 Phtoshop 的編輯軟體，但是要熟悉上手的門檻過高，購買軟體的成本也不便宜，如果公司不願意投資，對不是設計出身的小編就太逼人了。

誠意滿點的圖片編輯工具：FotoJet

對於 Facebook 的小編來說，一套好用的圖片編輯軟體應有的條件除了要簡單好上手、免費使用、中文界面，最好還不用安裝，在線上就能搞定所有工作。哪有這麼好的事？有的，來試試 FotoJet 吧！

FotoJet (https://www.fotojet.com) 是一款免費、強大且便利的線上圖片處理工具，難能可貴的是內建繁體中文操作介面，即使不具備任何設計知識，也能隨著 FotoJet 的製作流程，創作出極具水準的作品。

▲ FotoJet (https://www.fotojet.com/tw)

FotoJet 的三大功能

FotoJet 主要由三大功能組成：**編輯照片**、**設計圖片** 和 **製作拼圖**。「編輯照片」是針對照片進行裁剪、縮放、旋轉、曝光、顏色 ... 等屬性的調整，與一般電腦版的圖片編輯軟體功能類似。而「設計圖片」是根據應用的方向提供不同的尺寸、模版進行套用修改，即能產出專業的作品。「製作拼圖」就是大家熟悉的相片拼貼，也就是將多張相片組合到單一照片中。這裡就較特別的「設計圖片」與「製作拼圖」功能進行說明。

FotoJet 的設計圖片功能

01 請由「https://www.fotojet.com/tw/」進入網站，選按左上的 **設計** 連結。

02 頁面中會有許多不同分類的模版，請選按 **社交貼文圖 \ Facebook 照片**。

03 FotoJet 設計功能的介面很簡單，主要編輯區為畫面右方，先從左側挑選範本後，在編輯區進行操作。使用者可由左側還能加入照片、文字、剪貼畫或切換背景。

04 完成後即可按上方的 **下載** 鈕將作品下載。

05 下載後即可將圖片應用在 Facebook 上。

FotoJet 的製作拼圖功能

01 進入 FotoJet 線上工具的網站後由左上角將功能切換為「拼圖」。頁面中會有許多不同分類的模版，請選按 **經典拼圖 \ 照片網格**。

02 FotoJet 製作拼圖的介面中主要編輯區為畫面右方，先從左側挑選版式後，在編輯區進行操作。使用者可由右側加入照片、文字、剪貼畫或切換背景。

03 完成後即可按上方的 **保存** 鈕將作品下載，應用在 Facebook 上。

QUESTION 123

用「PicSee」產生短網址、自訂縮圖與說明

在 Facebook 中貼文時，如果內容包含網址，系統會自動由這個網址抓取縮圖、標題與說明。如果加入的網頁程式碼設定正確，Facebook 系統產生的縮圖、標題與說明就會十分明確。但悲劇的就是這樣的事不是天天有，許多小編就常為了貼文中分享分享的網址沒有正確抓到縮圖、標題與說明感到束手無策！

讓網址顯示資訊的好工具：Picsee

其實對於 Facebook 的小編來說，貼文中的網址資訊能夠一抓就中已經是萬幸，如果能夠自動產生短網址，自訂縮圖、標題與說明，要什麼有什麼，是不是好棒棒呢？

PicSee 皮克看見 (https://picsee.co) 就是這款夢幻逸品。小編們能自行設計貼文中連結要顯示的圖片，置入想要的標題與說明文字，最可怕的是只要註冊會員，小編還能獲得分享網址被點閱的統計資料！所以即使來源網站的架構有缺陷，顯示的縮圖不正確，沒有好的標題與說明，我們仍可完美的為這個連結分享加上吸睛的圖片、聳動的標題與精彩的介紹文字。

▲ PicSee 皮克看見 (https://picsee.co)

PicSee 的使用方式

PicSee 在使用時不一定要加入會員，以下將以實例來說明使用方法：

01 請先準備好要分享的網址、自訂的縮圖、標題與說明文字。請由「https://picsee.co」進入網站。

02 將網址貼入畫面中的欄位，按下 **PicSee!** 鈕，系統會自動產生分享的短網址，下方會顯示分享連結的預覽。

03 請按 **編輯** 鈕進入自訂畫面。

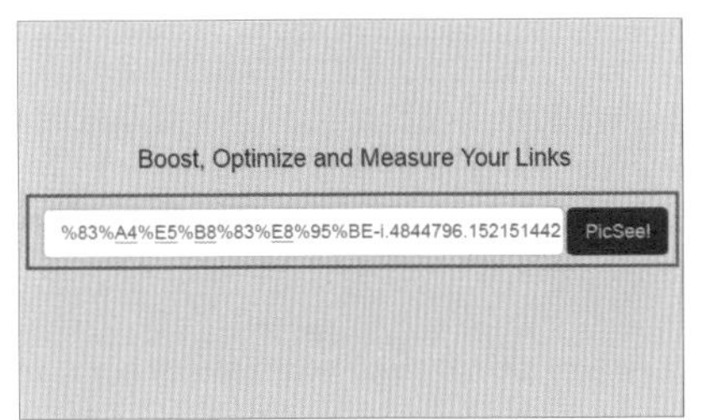

04 在編輯畫面中可以修改分享連結的標題與說明文字。

05 自訂縮圖除了可以按 **從電腦上傳** 鈕上傳圖片，也能按 **指定圖片網址** 鈕後貼上線上圖片的網址載入。

06 還可以套用濾鏡來美化圖片，最後按 **確定** 鈕完成編輯。

07 按 **複製** 鈕即可複製縮短網址。

08 回到 Facebook 粉絲專頁後將網址貼入，如下圖即可產生設計好的分享網址內容。

09 現在馬上來測試連結的結果，在 Facebook 粉絲專頁中按下分享的連結，即可前往正確的指定網頁。

愛 分 享

PicSee皮克看見不是只能自訂Facebook的分享連結

除了可以應用在 Facebook 上之外，還可以完美支援 Twitter、Pinterest、LINE、Skype、Google+、LinkedIn、Medium... 等主流社群服務，建議您也可以試試。

PicSee 也能在 Facebook 上分享 YouTube 影片，而且能夠像 FB 原生影片一樣顯示大型的照片，還可以自訂影片封面圖片喔！

扎子分享了這則訊息。

QUESTION 124

用「Facebook 粉絲團留言抽籤小助手」舉辦抽獎

現在的粉絲實在越來越難討好了，每個小編為了讓粉絲能夠在專頁上按個讚或是分享內容，總是為了貼文的圖片、標題與文字的內容絞盡腦汁。在 Facebook 粉絲專頁上舉辦活動更是不能放過的殺手鐧，尤其是抽獎，只要小編能下得了重手，獎品精美誘人，往往能順利達到令人滿意的效果。

認識 Facebook 粉絲團留言抽籤小助手

抽獎沒有人參加讓人苦惱，太多人參加也會讓人緊張。尤其是抽獎活動結束時要公佈得獎名單，如果沒有公平、公正、公開的流程，被粉絲惡言灌爆就會讓主辦單位帶來困擾，甚至讓宣傳得到負面的效果。

Facebook 粉絲團留言抽籤小助手 (https://gg90052.github.io/comment_helper/) 就是為了這個需求所產生的程式，小編透過簡單的設定即能進行抽獎活動的開獎，並能設定參加條件進行較為複雜的抽籤動作，讓得獎名單順利產生。

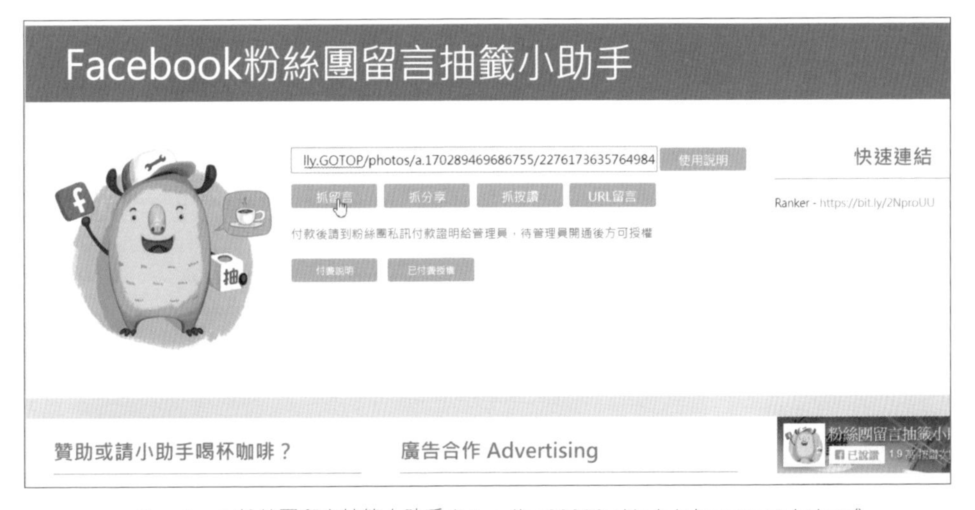

▲ Facebook 粉絲團留言抽籤小助手 (https://gg90052.github.io/comment_helper/)

在 Facebook 粉絲專頁舉辦抽獎活動的方式

在說明使用 Facebook 粉絲團留言抽籤小助手的使用方式前，首先說明一下目前許多小編舉辦抽獎活動的方法。

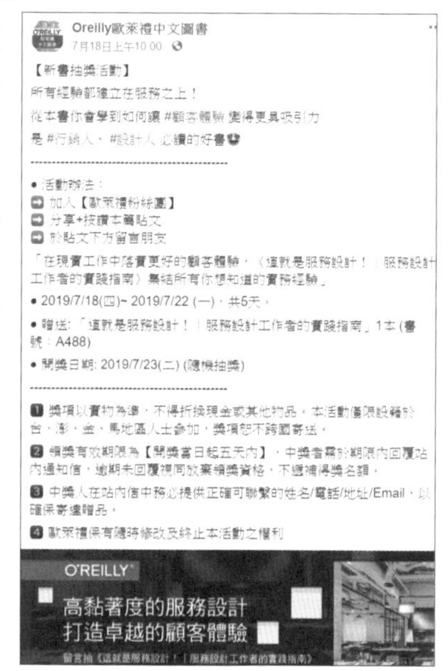

一般會以貼文的方式進行，參加活動的人必須要完成幾項任務才能成為加入抽獎的對象。這些任務常見的有：要為粉絲專頁按讚成為粉絲，要在活動貼文下留言，而且其中要包含指定的文字內容，甚至要在留言中標註朋友。

使用貼文方式舉辦活動，是小編們最常用的行銷手法。若有預算能為貼文購買廣告，可以加強粉絲專頁的曝光度讓更多人參與活動。

取得 Facebook 粉絲專頁活動貼文的網址

要使用 Facebook 粉絲團留言抽籤小助手這一類的工具，首先要先取得這則抽獎活動貼文的專屬網址，方式如下：

01 請選按該則貼文的時間。

02 系統即會以單頁開啟該則貼文，瀏覽器顯示的網址即是這則活動貼文的網址。

03 另一個快速的方法是將滑鼠移到該則貼文的時間，按下右鍵後選取功能表上的「複製連結網址」，即可複製活動貼文的網址。

Facebook 粉絲團留言抽籤小助手的使用方式

若想要免費使用 Facebook 粉絲團留言抽籤小助手，建議用 **抓留言** 的方式來進行抽籤，若是用 **抓分享** 就必須付費。請先取得抽獎活動的貼文網址後，以下將說明使用方法：

01 請由「https://gg90052.github.io/comment_helper/」進入網站。將抽獎活動的貼文網址貼入畫面中的欄位，按下 **抓留言** 鈕。

02 系統會由您所提供的網址進行資料的擷取直到完成，按 **OK** 鈕進行後續處理。

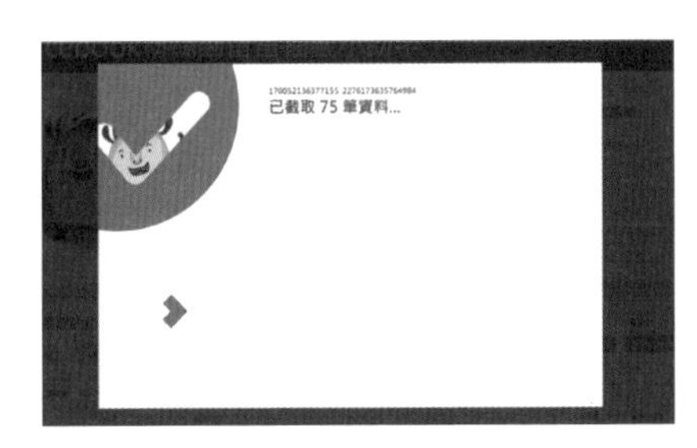

03 在畫面的下方會顯示擷取的結果名單，您可以依需求核選 **排除重複留言** 及 **只顯示有 TAG 人的留言**，程式會重新整理名單的內容。如果想要將內容貼到文件上，可以按 **複製表格內容** 鈕再進行後續處理。

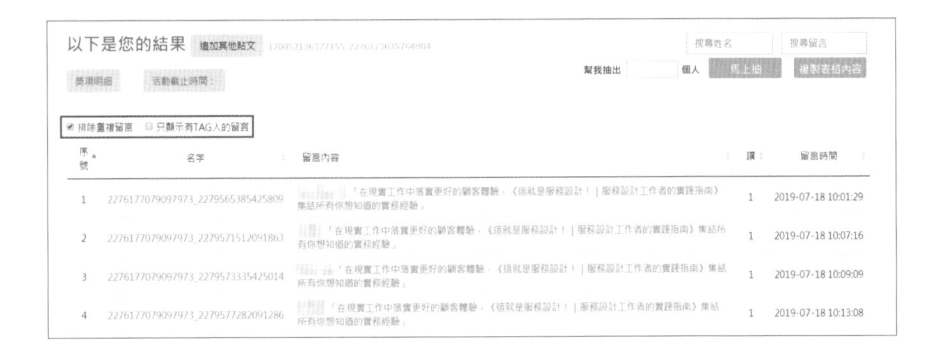

04 如果想要快速由名單中抽出 5 個人，請在上方輸入要抽出的人數後按 **馬上抽** 鈕，下方即會產生隨機 5 個人的中獎名單。

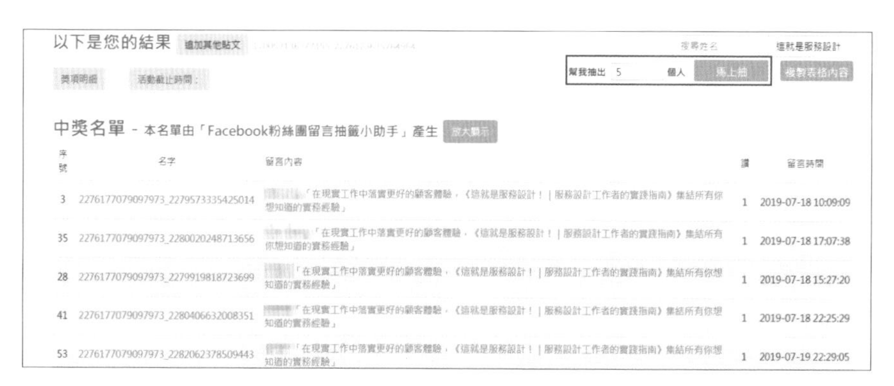

05 如果抽獎活動有時間限制，可以按下 **活動截止時間** 鈕，設定好截止時間後，產生的名單即會保持在設定的限制內。

06 如果抽獎活動有多個獎項且人數不同，可先按下 **獎項明細** 後按 **增加獎項** 鈕新增多個獎項並設定人數，最後按 **馬上抽** 鈕即可產生名單。

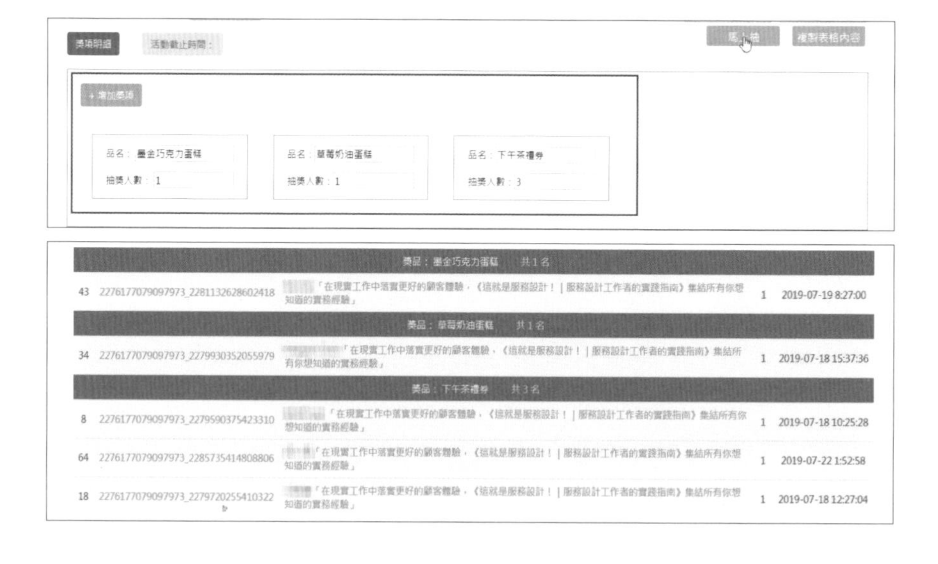

QUESTION 125

用「OBS」直播您的電腦畫面

視覺的刺激對人來說是最直接的，在行銷的角度上來看也是很重要的理念。也因為如此，每個 Facebook 粉絲專頁小編在貼文上，不僅要斟酌文案的生動誘人，還要搭配吸睛美圖，最好能有引人入勝的影片，也難怪現在的小編越來越難生存。但人的需求不僅於此，近年來「網紅經濟」抬頭，行銷的腳步更進化到要即時透過視訊進行互動，所以直播正是目前當紅的話題。

Facebook 直播功能的流行

Facebook 在台灣擁有可觀的使用人數，目前直播功能已經全面上線，根據 Facebook 的統計分析，使用者應用直播進行互動交流的成長幅度相當驚人，應用的範圍更是出人意料的廣。智慧型手機的流行拉低了進行直播的技術門檻，所有的用戶只要有行動網路就能在任何時候、任何地點進行直播，也造就了許多行銷上的奇蹟。

因為許多直播主行銷商品的手法越來越受到關注，所以經營者、小編也開始重視如何利用直播的互動帶動社群經營的成長。為 Facebook 直播提供更好的視訊品質，更優化的節目內容也是小編們關心的議題。

▲ Facebook 建立直播串流影片說明頁面 (https://www.facebook.com/live/create)

Facebook 直播電腦畫面的方式

使用智慧型手機進行直播是最便捷的媒介，只要有網路就能隨時開播，但拍攝品質與網路的穩定度，還有互動方式的呈現實在不容易掌握。許多人還是想要利用電腦進行直播，希望能提供更好的視訊內容，但是 Facebook 系統與相關軟體的設定對於許多人來說還是有些困難，以下將以詳細的流程進行說明。

要在 Facebook 上進行直播前，必須要先在電腦上安裝可以提供直播串流的軟體，這裡推薦使用 OBS (Open Boardcast Software) 進行串流視訊的建立。

01 進入 OBS 的官方網站，請依個人電腦系統下載安裝。

▲ Open Broadcaster Software (https://obsproject.com/)

02 回到 Facebook 粉絲專頁，按下貼文區塊下的 **直播** 鈕。在直播視窗中請選擇直播的來源為 **外部裝置**。

03 此時會產生直播的 **伺服器網址** 與 **串流金鑰**，請將 **串流金鑰** 欄中的值複製起來。

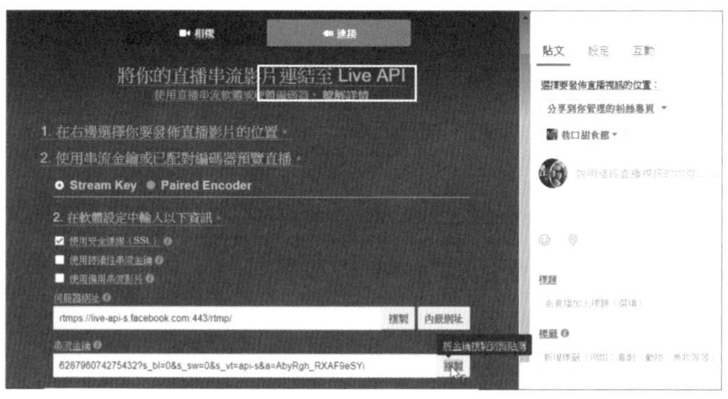

04 開啟 OBS 軟體，按 **檔案 / 設定** 開啟對話視窗，選擇左側的 **串流**，選擇服務商為「Facebook Live」，保留 **伺服器** 的設定，將剛才複製的 **串流金鑰** 值貼到**串流金鑰** 欄位中，最後按 **確定** 鈕。

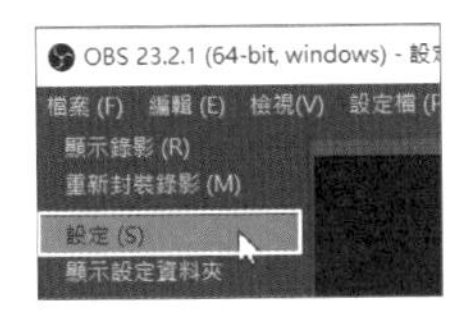

05 在 **來源** 按 **+ / 視窗擷取**，在對話方塊選取 **建立新來源** 後按 **確定** 鈕。接著在開啟的視窗中選擇 **視窗** 為要直播的瀏覽器視窗 (在開啟 OBS 軟體前必須先開啟要直播的視窗)，最後要按 **確定** 鈕。

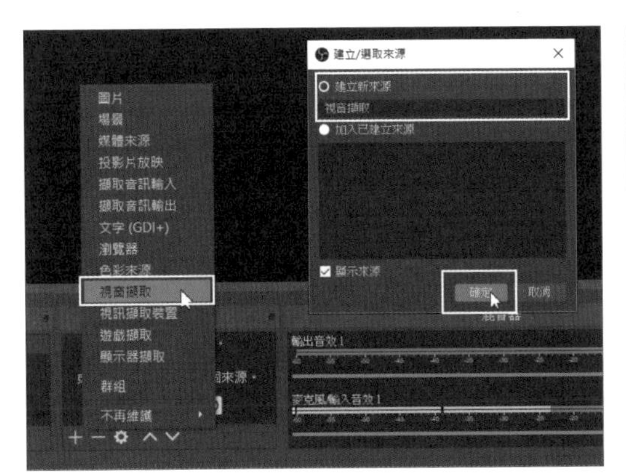

06 在直播視窗的右下角放上直播主的影像視窗，在 **來源** 按 **+ / 視訊擷取裝置**，在對話方塊選取 **建立新來源** 後按 **確定** 鈕。接著在開啟的視窗中選擇 **裝置** 為電腦的視訊攝影鏡頭，最後按 **確定** 鈕。

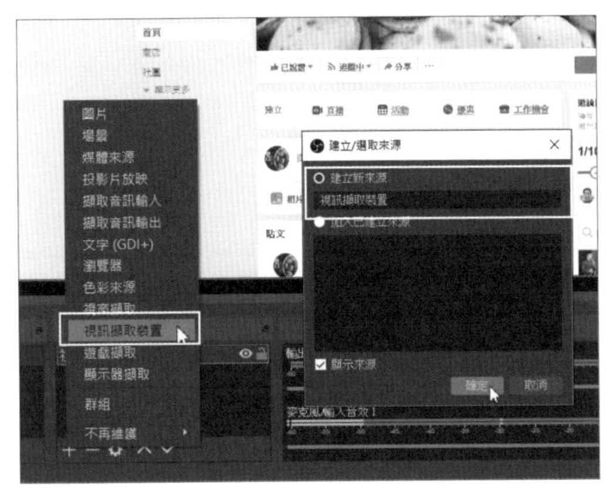

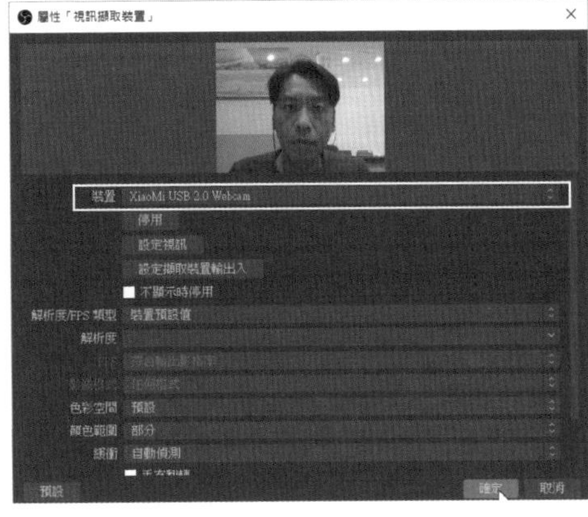

07 調整直播主的影像視窗的大小及位置後即可按 **開始串流** 鈕。

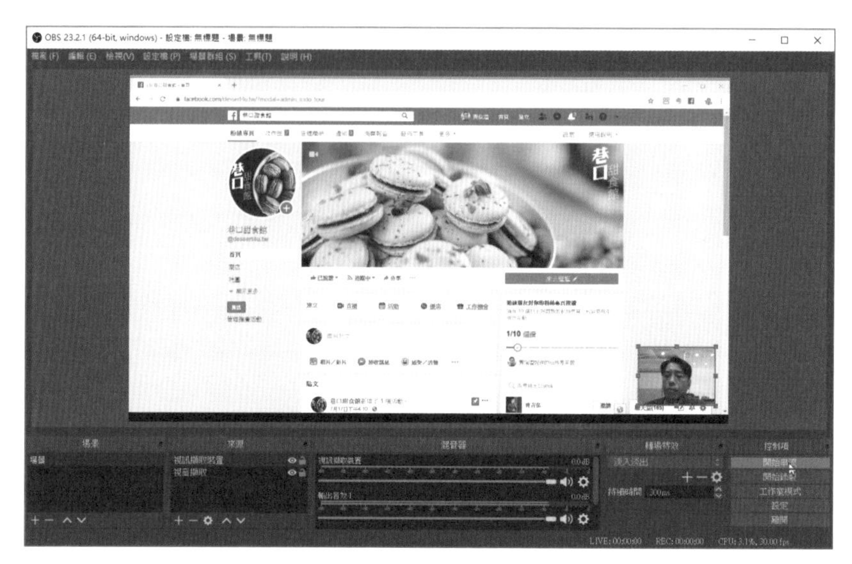

08 回到 Facebook 的直播頁面，系統會開啟載入串流的資料，等到完成時即會顯示串流的視訊，在一切就緒後按 **開始直播** 鈕即可開始，此時 Facebook 系統會通知粉絲專頁的粉絲們這裡正在進行一個直播活動。

09 在 Facebook 的直播畫面中，左上角會顯示直播的時間，直播時除了可以在畫面操作或是對視訊攝影鏡頭説明之外，還可以使用右方的留言區塊以文字與觀看的粉絲互動。

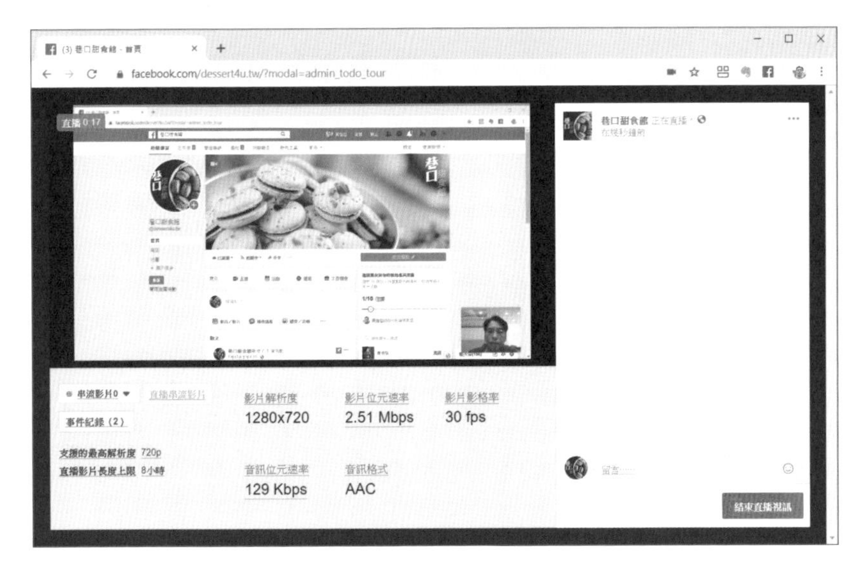

10 當直播完成可以按右下角的 **結束直播視訊** 鈕，視訊會關閉，按下 **完成** 鈕後系統會自動開始儲存視訊成為影片貼文，按 **刪除影片** 即會將視訊影片刪除。

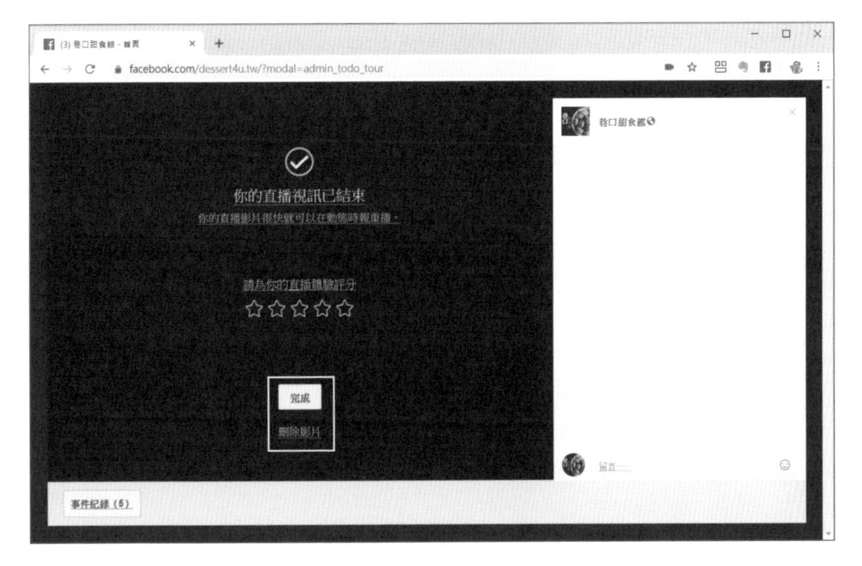

11 回到 OBS 的畫面，按 **停止串流** 鈕結束串流的工作。系統完成串流影片的儲存後會產生一則影片貼文。只要選按即可播放，放大時還能看到與粉絲互動的留言。

Facebook 粉絲專頁直播的應用範圍相當廣，除了活動轉播、教學活動、線上銷售，只要有創意、有想法，都能為粉絲專頁帶來可觀的流量，各位小編們可別錯過這個超夯的行銷管道。

MEMO

自助式廣告投放
好感度 UP 速效圈粉行銷術

QUESTION 126

付費刊登「加強貼文推廣」廣告

如果想讓粉絲專頁快速曝光在每個人的 Facebook 主畫面，建議可以投入一點預算，直接購買廣告。在這裡要先介紹的是 **加強貼文推廣** 廣告購買方式，因為可以直接將粉絲專頁裡面已張貼過的文章做成廣告，省時又省事，所以建議大家先從這裡試試看。

01 請先進入粉絲專頁主畫面，對欲進行廣告推廣的貼文按下 **加強推廣貼文** 鈕，即可開啟 **加強推廣貼文** 對話方塊 (如果有出現 **無歧視政策** 條文，再按 **接受** 鈕即可)。

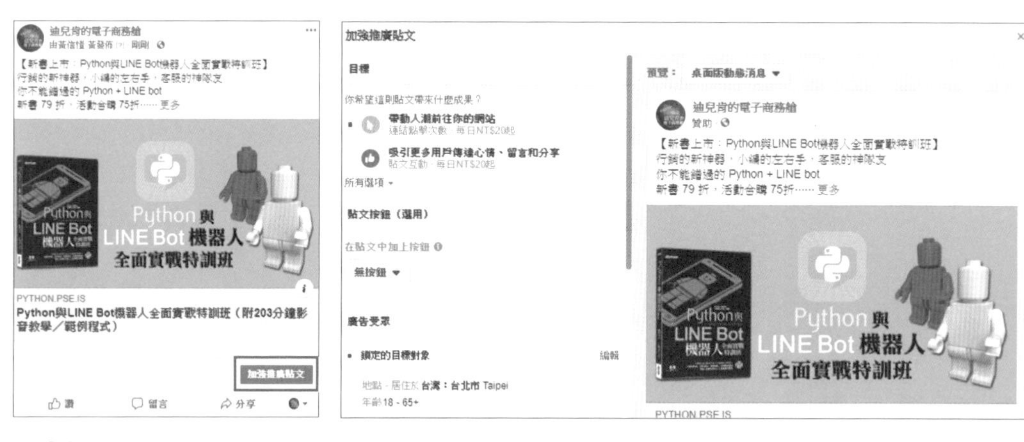

02 在對話方塊的右方可以透過下拉式選單功能，挑選多種不同的廣告顯示畫面來進行預覽效果，通常會先檢視的是 **桌面版動態消息** 及 **行動版動態消息** 畫面。

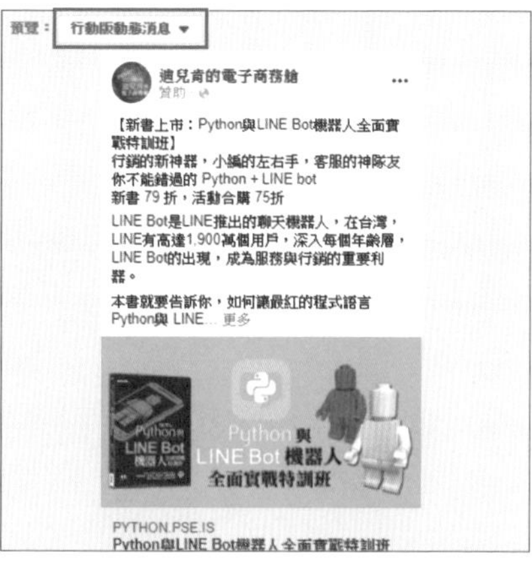

03 接著是設定 **目標**，表示希望透過這則貼文廣告可以帶來哪項成果，共有三種項目：**帶動人潮前往你的網站**、**吸引更多用戶傳達心情、留言和分享**，以及 **與潛在顧客聯繫和聊天**（依據貼文內容屬性與廣告使用頻率不同，該選項不一定會出現）。

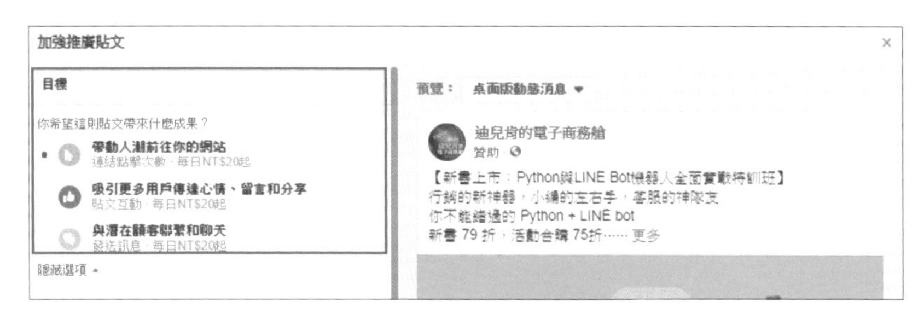

04 接著是設定 **在貼文中加上按鈕**，預設是 **無按鈕**，可以從下拉式選單中挑選欲使用的按鈕種類，然後再設定按下按鈕後的搭配動作（依據貼文內容屬性與廣告使用頻率不同，該選項不一定會出現）。

05 接著是設定 **廣告受眾**，也就是要投放廣告的目標對象。預設是 **鎖定的目標對象**，也可以按 **編輯** 鈕，針對 **居住地點**、**興趣**、**年齡** ... 等進行微調與篩選。如果只想對目前的既有粉絲們打廣告，也可以選擇 **說你粉絲專頁讚的用戶** 選項。

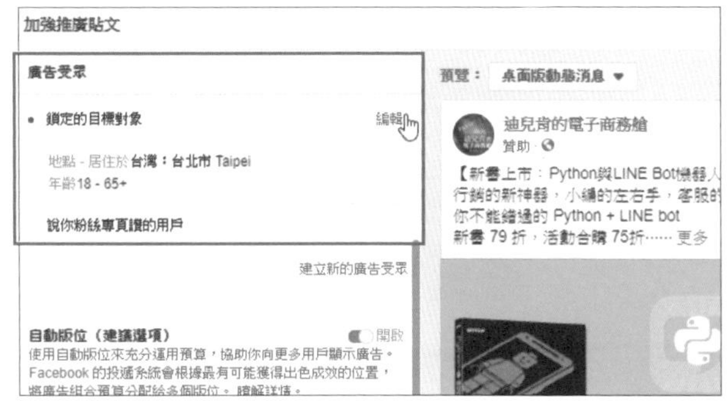

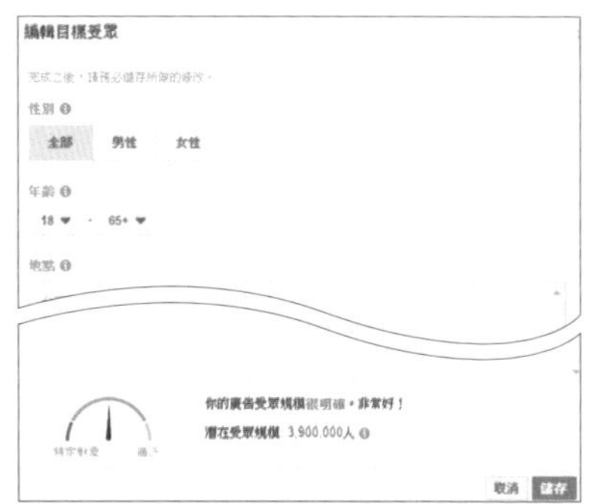

若是想要有特定經常使用的對象群組，還可以按 **建立新的廣告受眾** 儲存設定，未來只要直接選取即可。

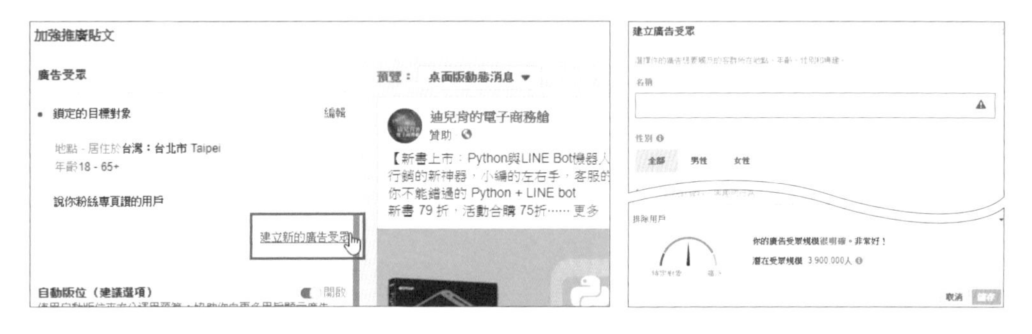

06 接著是設定 **自動版位**，預設是 **開啟** 使用，也是建議選項，讓廣告不僅可以在 Facebook 推廣，還可以包含 Facebook 旗下的 Messenger 通訊工具與 Instagram 社群平台。如果不希望在過多管道上發送廣告，可以先 **關閉** 自動版位選項後，再從下方選項中勾選欲推廣的平台 (依據貼文內容屬性與廣告使用頻率不同，部分平台選項不一定會出現)。

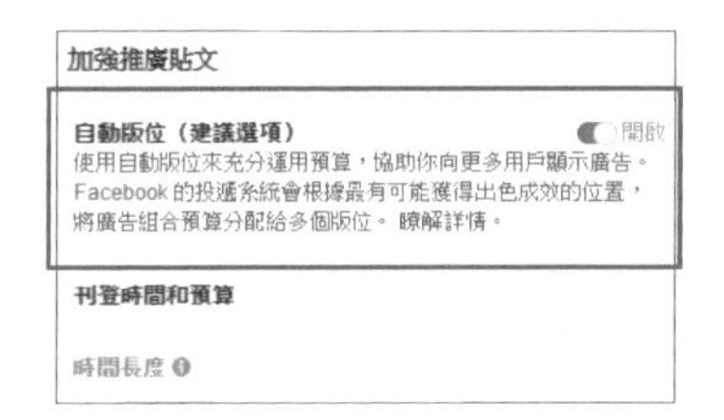

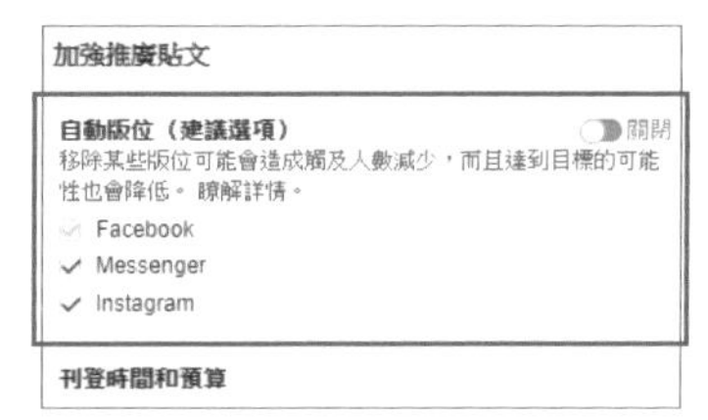

07 接著設定 **刊登時間和預算**，首先在 **時間長度** 除了 **天數** 之外，也可以直接設定 **結束日期**，而 **總預算** 可以控制廣告費用支出，在畫面中即可知道 **預估觸及人數**。

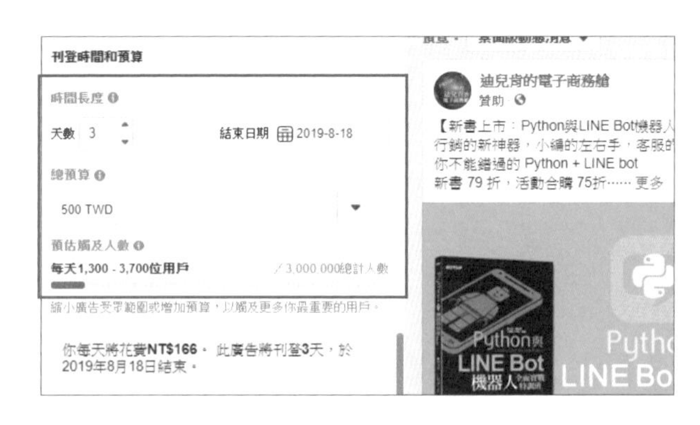

08 再來是設定 **付款** 方式，先選擇欲支付廣告費用的 **貨幣** 單位，再按右下方的 **加強推廣** 鈕。

09 進入 **選擇付款方式** 畫面，可以使用 **信用卡或簽帳卡**、**PayPal** 及 **廣告抵用券** 這三種方式擇一支付，確認後再按 **繼續** 鈕。

10 最後完成所有設定時，會出現 **查看成果** 總覽畫面，如果沒有問題，再按下 **關閉** 鈕，即可完成廣告訂單，進行廣告推廣活動。

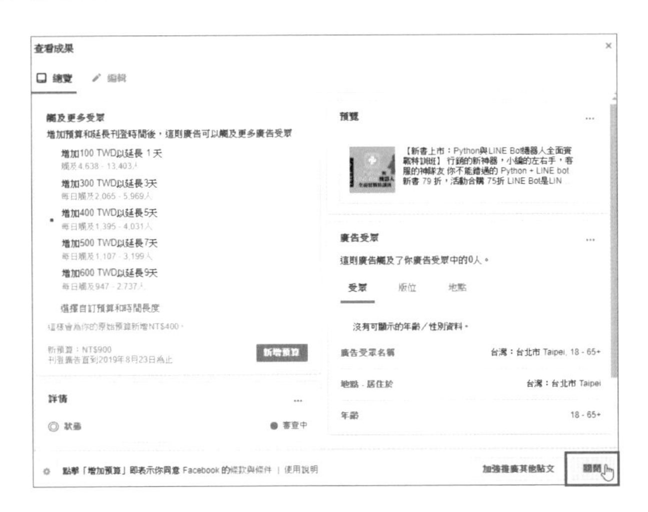

QUESTION 127

付費刊登「為企業刊登廣告」貼文

如果想要在新增一則貼文時，直接付費刊登為廣告，可以利用貼文區下方的 **為企業刊登廣告** 鈕，其步驟如下：

01 在貼文區選按 **為你的企業刊登廣告** 鈕 (如果沒有出現，請按 ⋯ 更多鈕)，接著選擇 **推廣粉絲專頁** 活動類別。

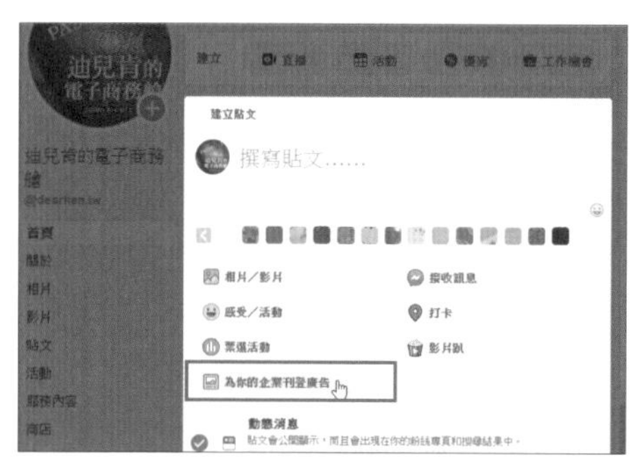

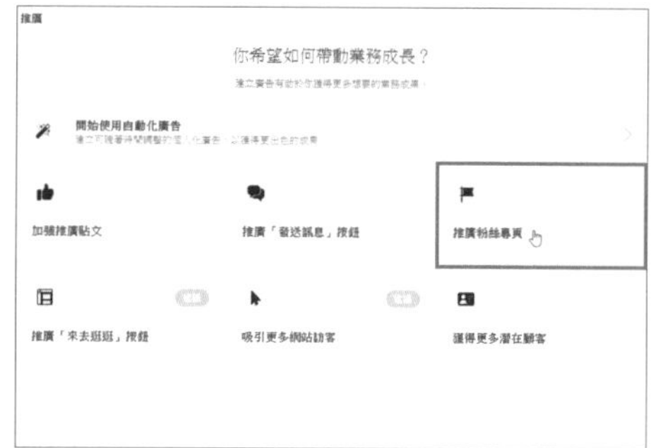

02 這裡以 **推廣粉絲專頁** 的廣告活動為例，它的目的是為了讓更多人對您的粉絲專頁按讚，快速圈粉，所以在廣告中的粉絲專頁封面右下方會有一個 **說這專頁讚** 的 **行動呼籲** 按鈕。首先要填寫 **廣告創意** 區，包含要顯示的圖像 (目前提供三種格式：**單一圖像**、**影片**、**輕影片**，其中系統還提供不少免權利金的高品質圖像可以免費使用，非常佛心！)、內文 (建議不要超過 90 字)，在右方會顯示整個廣告貼文的預覽畫面。

03 接著是設定 **廣告受眾**，也就是要投放廣告的目標對象。預設是 **鎖定的目標對象**，也可以按 **編輯** 鈕，針對 **居住地點**、**興趣**、**年齡** ... 等進行微調與篩選。若是想要設定經常使用的對象群組，還可以按 **建立新的廣告受眾** 儲存設定，未來只要直接選取即可。

04 接著設定 **刊登時間和預算**，首先分成 **持續刊登這則廣告**，或是 **選擇這則廣告的結束時間**，再決定 **時間長度**（除了 **天數** 之外，也可以直接設定 **結束日期**），而 **單日預算** 可以控制一天的廣告費用支出上限。

05 最後是設定 **付款** 方式，先選擇正確的 **貨幣** 單位，再按 **推廣** 鈕，再選擇從 **信用卡或簽帳卡**、**PayPal** 及 **廣告抵用券** 擇一支付，即可完成。

QUESTION 128

如何暫停或是刪除廣告活動？

如果臨時想要修改或是暫停刊登中的廣告，可以使用關閉廣告功能。如果想要終止刊登，甚至可以刪除廣告，而且這兩項設定都能隨時設定免審核喔！

01 請先進入粉絲專頁主畫面，按下上方功能表的 [⋯] \ **廣告管理員**。

02 請選擇要設定預設的廣告帳號進入設定廣告管理員。

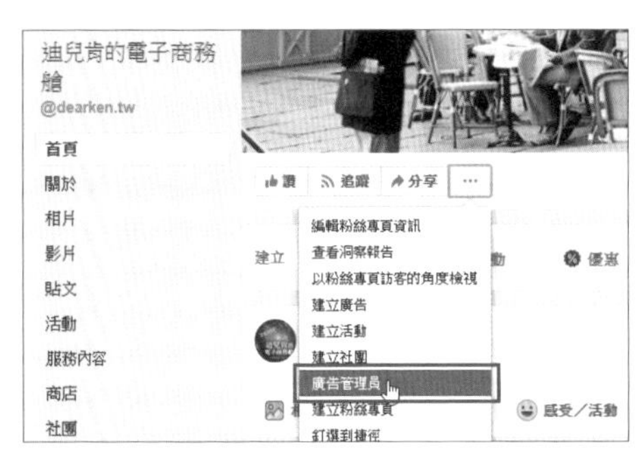

03 在畫面中就可以看見所有正在刊登中的廣告，請在下方表格中選按廣告前的開關鈕，即可啟動或是暫停廣告的投放。

04 請勾選欲設定的該則廣告，在顯示的功能表列中點選 **更多** 選項，即可 **關閉** 或是 **刪除** 該則廣告活動。

QUESTION 129

如何設定及重設廣告付款的金額上限？

如果擔心使用信用卡購買廣告，會無感地掉入無盡的付款黑洞，除了設定該則廣告的總經費，還要學會如何設定全部廣告的付款上限。

01 請先進入粉絲專頁的廣告管理員主畫面，再選按右上角的 **設定** (齒輪圖示)，然後在左邊選按 **付款設定** 選項，再點選右下方的 **設定帳號花費上限** 鈕。

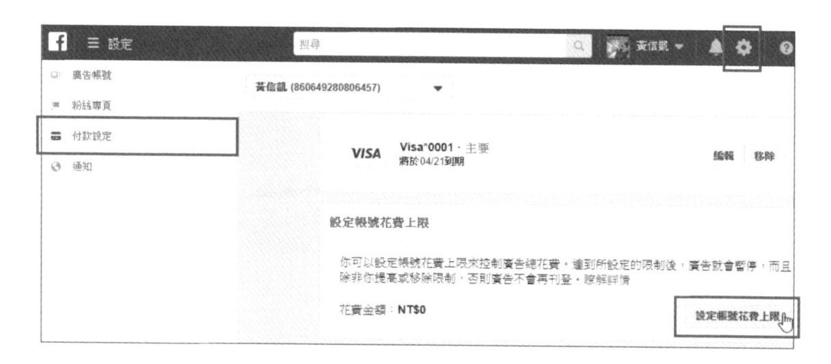

02 在 **帳號花費上限** 欄位內輸入預設金額後按 **設定上限** 鈕，即可完成設定。

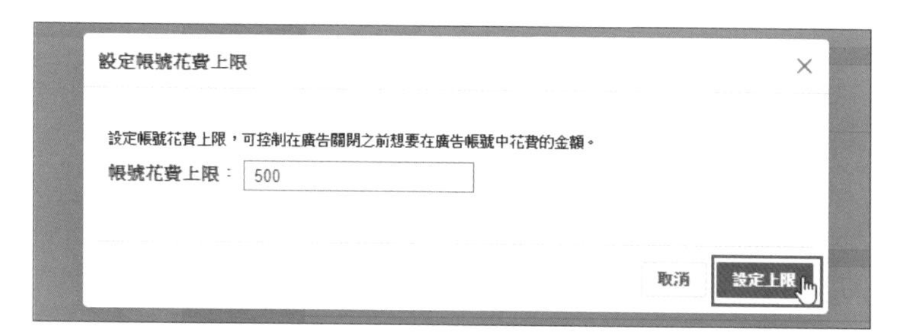

03 在 **設定帳號花費上限** 中的支出金額會一直累積，若要重新計算可以按下 **重設**，即可將支出的金額歸零。

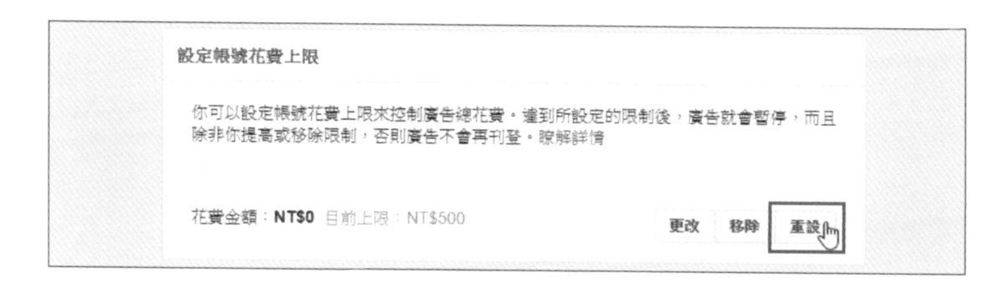

QUESTION 130

認識 Facebook 廣告管理員刊登廣告的結構

Facebook 推出新的廣告管理員，對於廣告有較為嚴格的規定。一個完整的 Facebook 廣告必須具備 3 個部分：**行銷活動**、**廣告組合** 和 **廣告**，瞭解它們如何搭配運作，可協助小編們順利刊登廣告，觸及合適的對象。

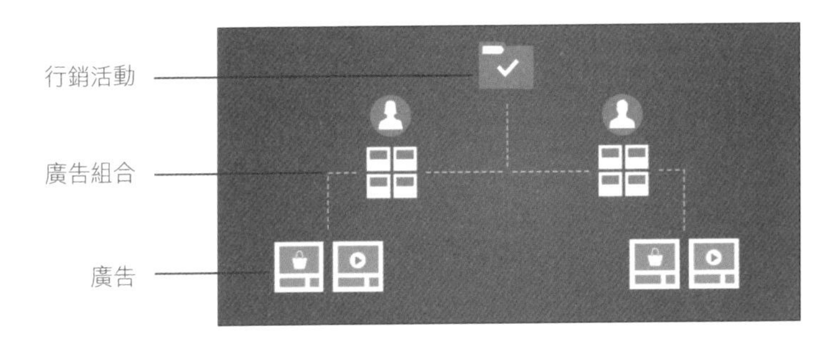

認識行銷活動

Facebook 行銷活動的設定，最重要的是決定廣告目標，也就是希望廣告最後可達到的成效。在進行 Facebook 廣告投放時，小編們應該先思考這則廣告是為了提高品牌知名度嗎？是為了衝高粉絲專頁的按讚次數嗎？還是為了增加粉絲專頁流量呢？以行銷目標為準則，可以讓整個廣告投放的進行方向更加明確。

認識廣告組合

有了明確的目標，接下來就可以思考廣告要投放的對象，要在什麼地方刊登，要刊登多少時間，又要花費多少預算。Facebook 的廣告組合就是要以行銷活動的目標設定廣告受眾，接著為廣告設定排程、選擇版位及建立預算。

認識廣告

有了行銷活動的目標，也決定了行銷的對象、排程、版位與預算後，就可以思考要用什麼類型的廣告內容。廣告就是顧客或廣告受眾看到的內容。小編們在這個階段的任務就是要設計廣告，其中的工具包括圖像、影片、文字和行動呼籲按鈕等項目。

QUESTION 131

如何用 Facebook 廣告管理員刊登廣告？

接下來就實際使用 Facebook 廣告管理員進行廣告刊登，步驟如下：

設定行銷活動

01 請先進入粉絲專頁主畫面，按下上方功能表的 ⋯ \ **建立廣告**。

02 系統會自動載入廣告帳號與設定。

03 首先是設定 **行銷活動**，在畫面中 Facebook 已經將所有的行銷目標分成：**品牌認知**、**觸動考量** 及 **轉換行動** 這三大類。先選取其中一項目標後，接著自訂 **行銷活動名稱** 內容，再按 **繼續** 鈕。

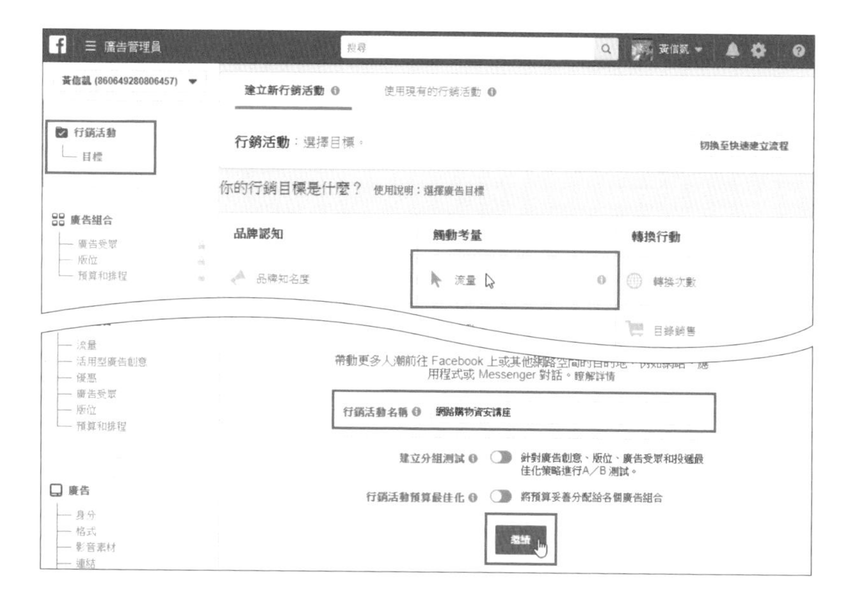

設定廣告組合

01 系統會以設定的行銷活動目標來安排廣告組合。以這個範例來說，首先要設定 **流量** 的產生來源與是否要設定 **優惠**。接著針對 **廣告受眾** 來決定廣告投放的對象。

02 再來要決定 **版位**，也就是廣告出現的位置。這裡選擇 **自動版位**，讓系統可以自動選擇最佳的版位進行投放。

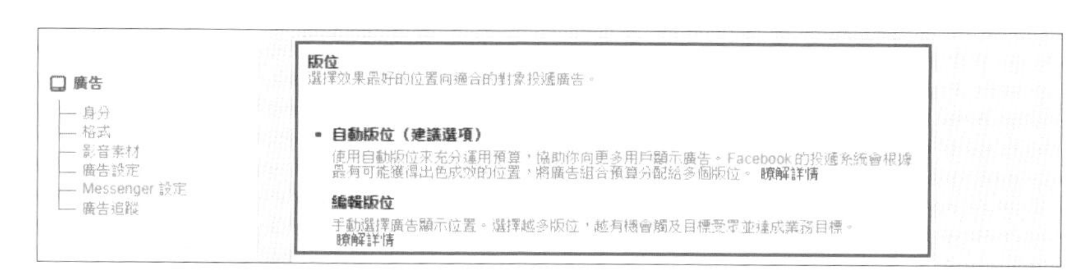

03 最後要設定 **預算和排程**，這裡要設定廣告的預算及排程時間，完成後按 **繼續** 鈕。

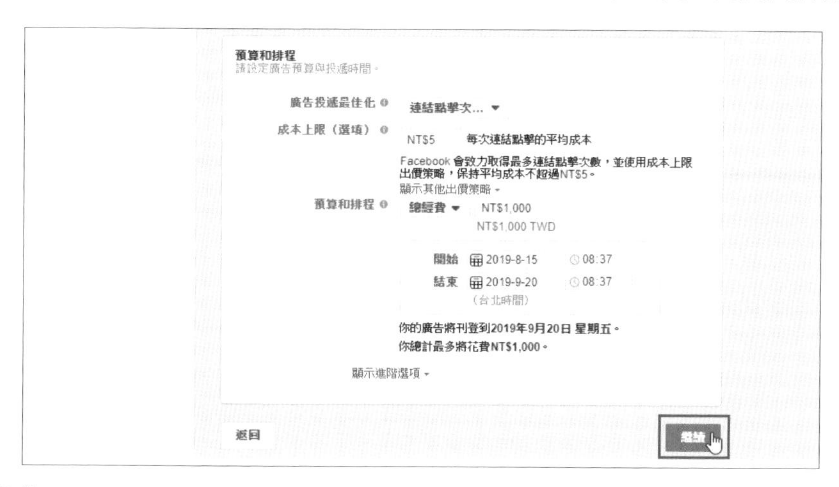

設定廣告

01 接著是重要的 **廣告**，也就是設計廣告內容。在填入 **廣告名稱** 後設定要投放的 **粉絲專頁**，接著設定廣告要使用的 **格式**。

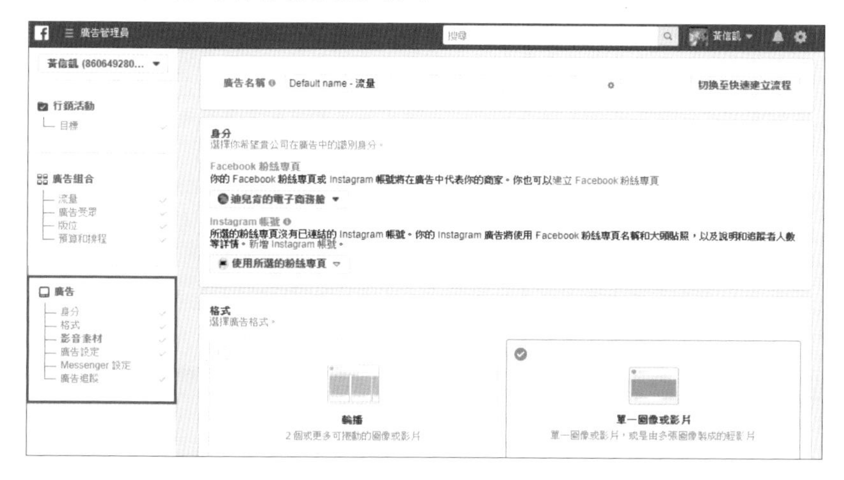

02 請依選擇的廣告格式來加入相關的文字、圖片或影片與連結，最後按 **確認** 鈕。

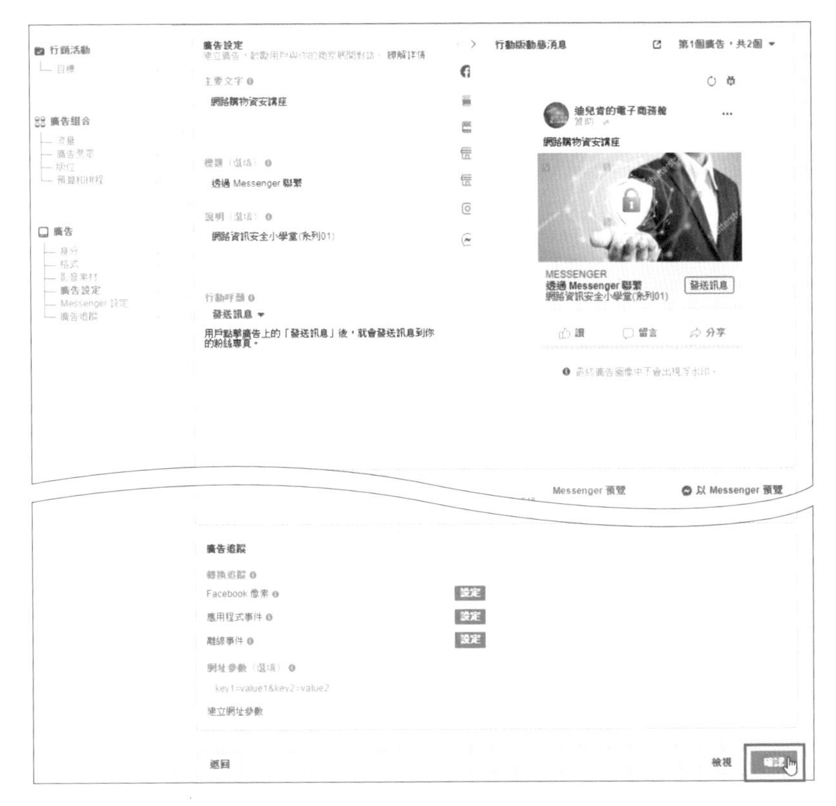

03 如此即完成整個 Facebook 廣告的設定，按 **繼續** 鈕將廣告送出審核，通過後即會依設定進行廣告的投放。

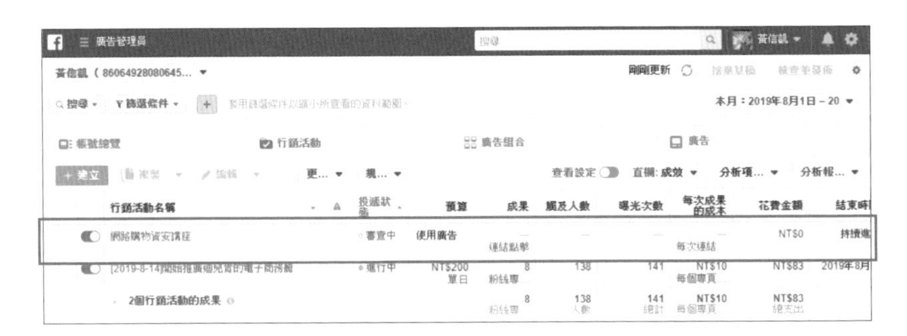

QUESTION 132

檢視洞察報告：「總覽」數據

如果想要了解粉絲專頁的發佈內容與粉絲之間是否有互動，或是想要知道粉絲族群與「按讚」數字的來源、分佈狀態，可以透過 **洞察報告** 觀察各項數據。

01 請先進入粉絲專頁，點選畫面左上方的 **洞察報告** 頁籤，即可進入檢視。

02 再點選 **總覽** 選項，就可以看見相關數據。

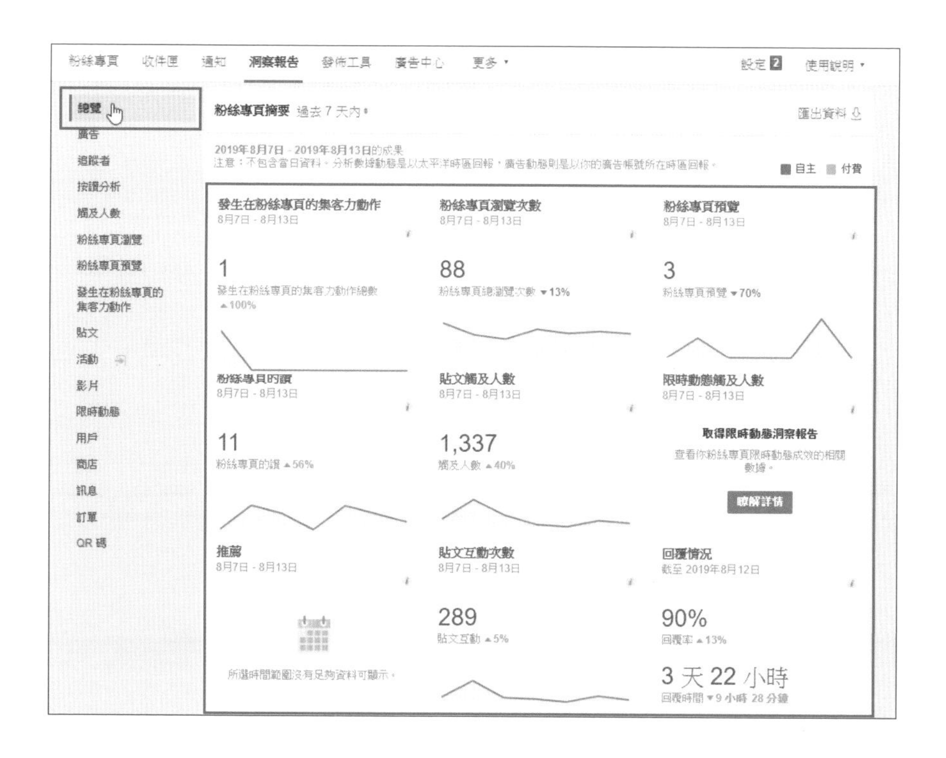

03 接著請將頁面往下捲動，會出現 **你的 5 則最新貼文** 區域，可以看見每則貼文的 **發佈時間**、**內容**、**類型**、**分享對象**、**觸及範圍**、**參與互動** 等相關數據。其中 **觸及範圍**：區分成「自主」瀏覽或是「付費」廣告所獲得。**參與互動**：依據不同的互動來源，區分成「貼文點擊」、「按讚」、「留言」或是「分享」。

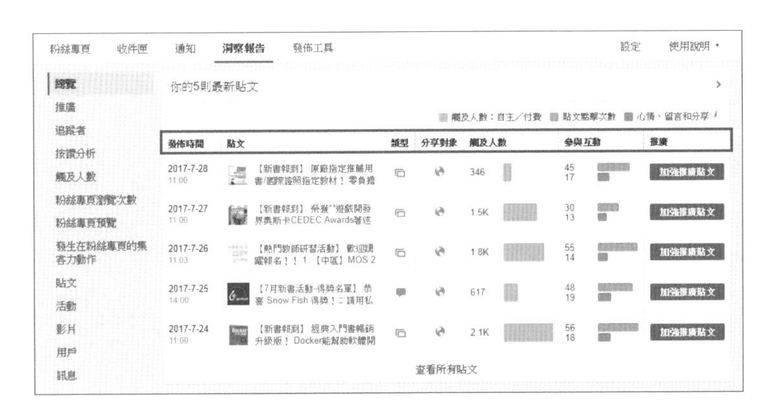

04 將頁面往下捲動，會出現 **觀察對手專頁** 區域，這裡可以自行選擇您想要關心的其他專頁資訊數據，包含：**粉絲專頁按讚總數**、**粉絲專頁新的按讚次數**、**本週貼文**、**本週的參與互動情形** 等相關數據。

05 如果系統沒有列出想觀察的對手資料，可以按 **新增粉絲專頁** 鈕，即可開始選擇其他專頁，當作想要關注的觀察名單，知己知彼、百戰百勝 (預設只會先顯示按讚數前五名的專頁資料)。

QUESTION 133

檢視洞察報告：「按讚分析」數據

粉絲專頁的按讚人數，對於粉絲專頁的經營表現，是一個很重要的依據。如果想要了解粉絲專頁中按讚的人的詳細資料，以進行經營方向的調整與經營策略的修正，可以善用洞察報告中的 **按讚分析**。

01 請先進入粉絲專頁，點選畫面左上方的 **洞察報告** 頁籤，即可進入檢視。

02 點選左上方的 **按讚分析** 選項，就可以看見相關數據，首先顯示的是 **粉絲專頁至今收到的讚總數** 項目。

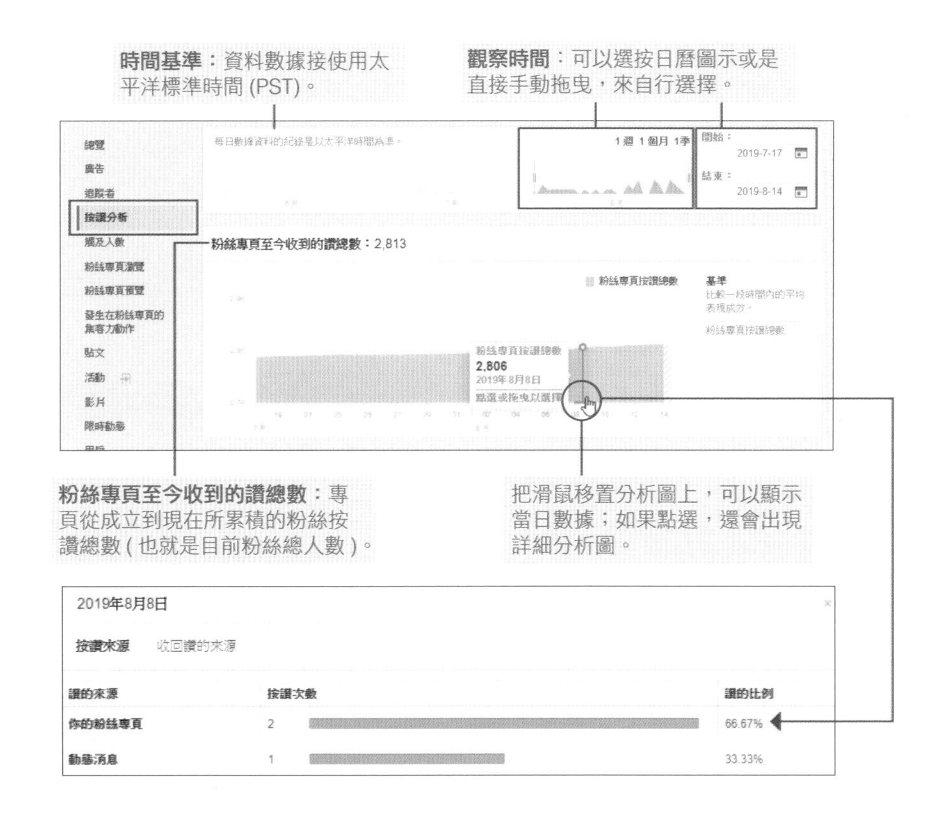

03 請將頁面往下捲動，會出現 **淨讚次數** 區域，可以看見每天所獲得的淨讚次數（讚次數 - 收回讚次數），並包含讚的來源：**收回讚次數**、**自主的讚次數**、**付費的讚次數**、**淨讚次數** 等相關數據。

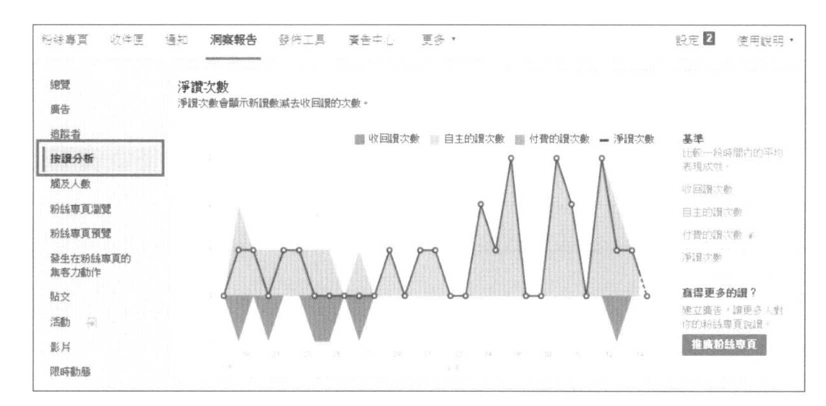

04 最後，再將頁面往下捲動，會出現 **粉絲專頁的讚發生的位置** 區域，這裡會詳細分析所收到的按讚次數來源數據，也就是粉絲是在何種管道進入您的粉絲專頁按讚，包含：**你的粉絲專頁**、**動態消息**、**粉絲專頁建議**、**搜尋**、**從重新啟用的帳號恢復的讚** 等相關數據。

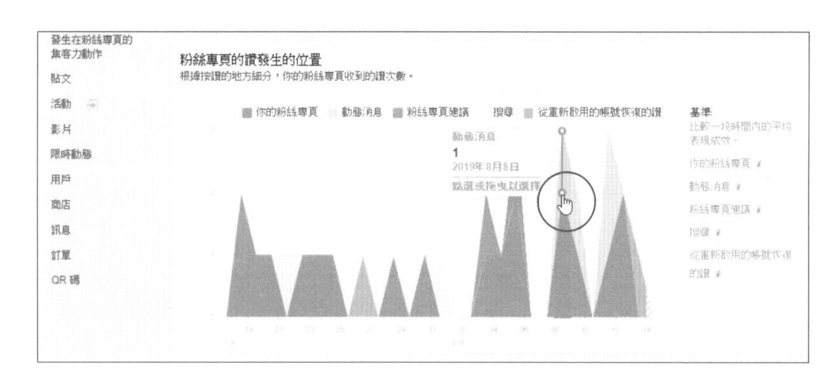

QUESTION 134

檢視洞察報告：「觸及人數」數據

現在的粉絲專頁經營者，十分注重 Faceboook 觸及人數的提升，它甚至比按讚人數更重要，原因在於觸及人數能夠真實反應粉絲專頁的貼文及內容是否會出現在其他人的動態時報上，真實觸及粉絲與粉絲的朋友。

Facebook 粉絲專頁的觸及人數，最基本的是粉絲的人數，當粉絲對貼文、照片或是活動按讚或分享時，粉絲的朋友就能同時看到這個內容，也就會擴散觸及人數。你可以藉由觸及人數的觀察，得知貼文觸及人數在不同時間的變化，自主點閱的狀況或是付費推廣是否有所幫助，甚至檢視按讚及貼文對於觸及人數的幫助等資訊。

01 請先進入粉絲專頁，點選畫面左上方的 **洞察報告** 頁籤，即可進入檢視。

02 點選左上方的 **觸及人數** 選項，就可以看見相關數據，首先顯示的是 **貼文觸及人數** 項目，可以看到每則貼文被閱讀的狀況，還可以區分成自主點閱貼文，或是因為透過付費廣告而進行的點閱。

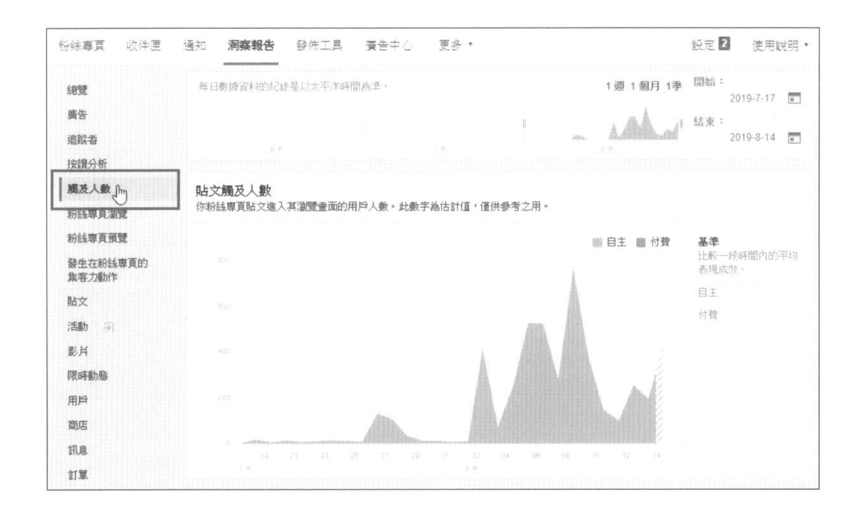

03 將頁面往下捲動，會出現 **推薦** 區域，顯示在一段時間內，粉絲們在貼文和留言中推薦你粉絲專頁的次數。再將頁面往下捲動，會出現 **心情、留言、分享等內容** 區域，顯示貼文所獲得的粉絲回饋狀況，包含：**心情**、**留言次數**、**分享次數**、**答案**、**領取**、**其他** 等相關數據。

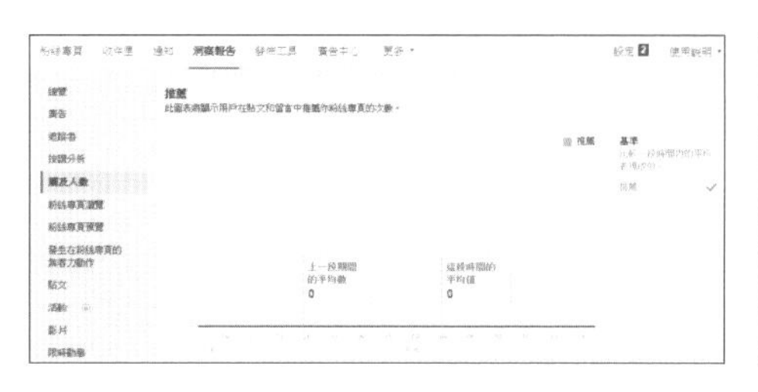

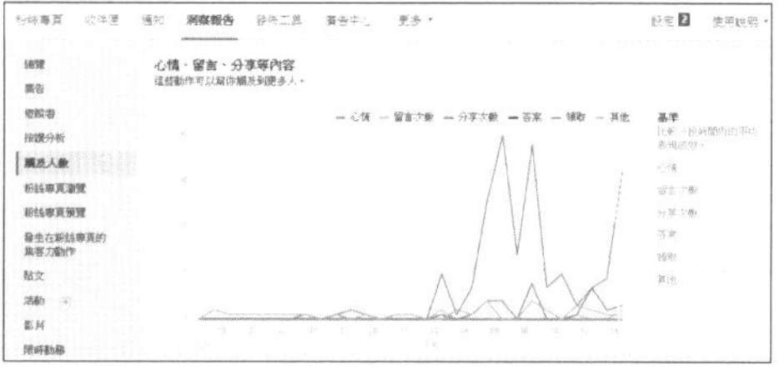

04 繼續往下捲動頁面，會出現 **心情** 區域，顯示粉絲們用按讚和其他方式對你的粉絲專頁貼文所傳達心情的細部數據，包含：**讚**、**大心**、**哇**、**哈**、**嗚**、**怒** 等數據。再將頁面往下捲動，會出現 **隱藏、檢舉為垃圾訊息以及收回讚** 區域，顯示貼文較負面的數據，包含：**隱藏貼文**、**隱藏所有貼文**、**檢舉垃圾訊息**、**收回讚** 等數據。

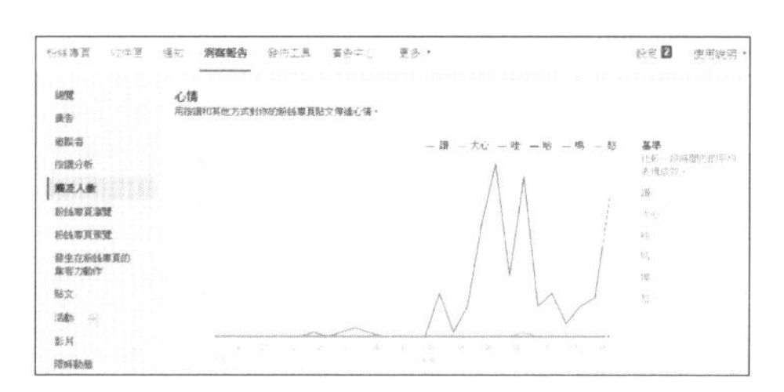

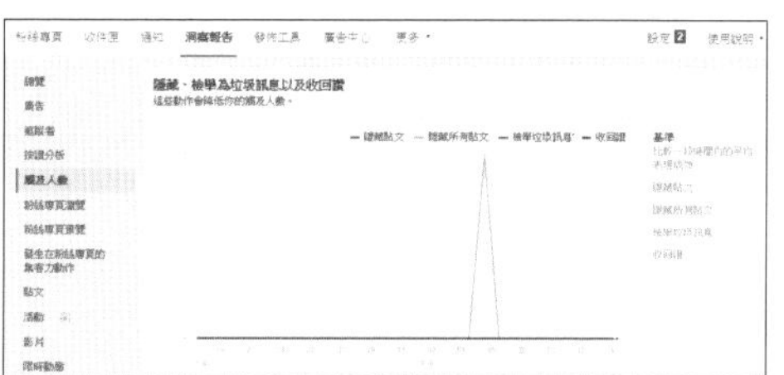

05 最後將頁面往下捲動，會出現 **總觸及人數** 區域，這裡會顯示任何來自你粉絲專頁或其他貼文中有提及你專頁的內容因而進入瀏覽的用戶人數。

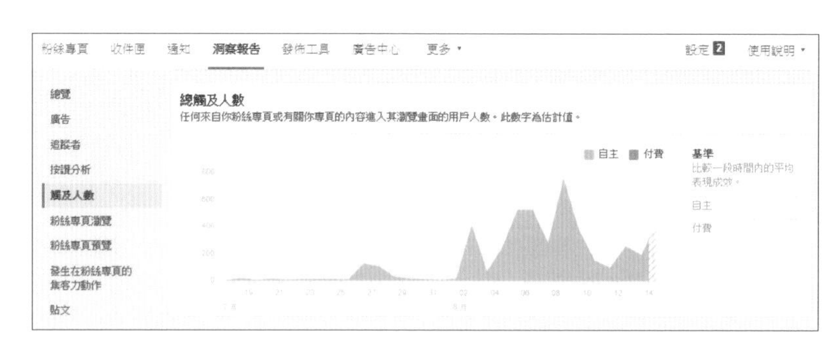

QUESTION 135

檢視洞察報告：「粉絲專頁瀏覽情況」數據

01 點選 **粉絲專頁瀏覽** 選項，就可以看見相關數據，首先顯示的是 **總瀏覽次數** 項目可以看到在日期區間中每天的瀏覽人次；點選 **依區塊區分** 項目可以看到 **其他**、**首頁**、**貼文**、**關於**、**社群**、**商店** 等相關數據，顯示項目會依據實際狀況而不同。

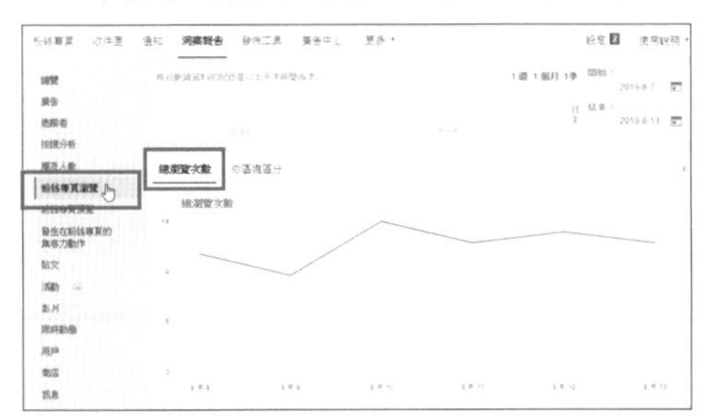

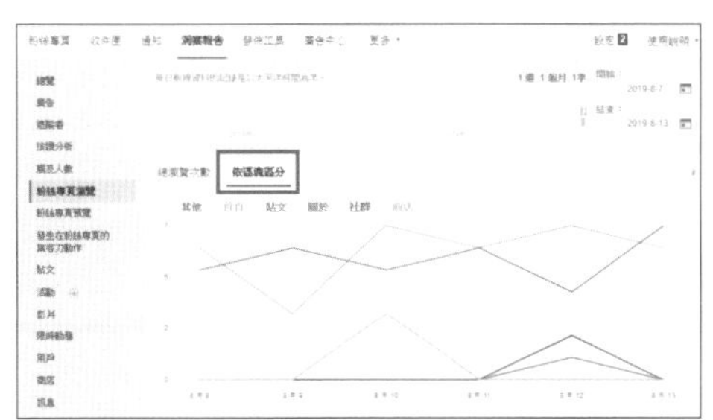

02 繼續往下捲動頁面，會顯示 **總瀏覽人數**、**依區塊區分**、**依年齡和性別區分**、**依國家 / 地區區分**、**依城市區分**、**依裝置區分** 等數據。

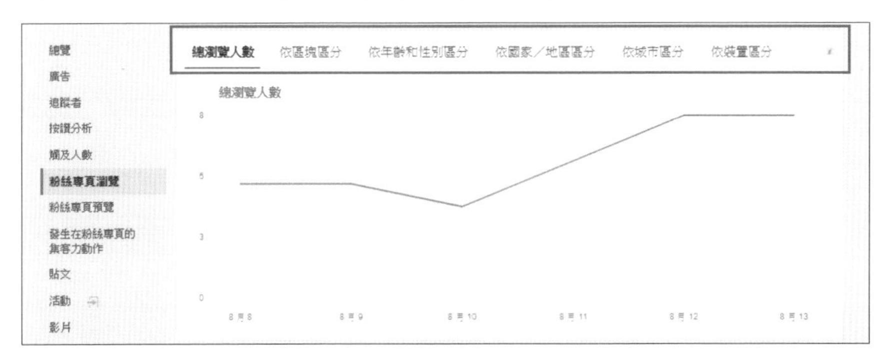

03 繼續往下捲動頁面，會顯示粉絲透過瀏覽哪些網頁而造訪的 **主要來源** 等數據。

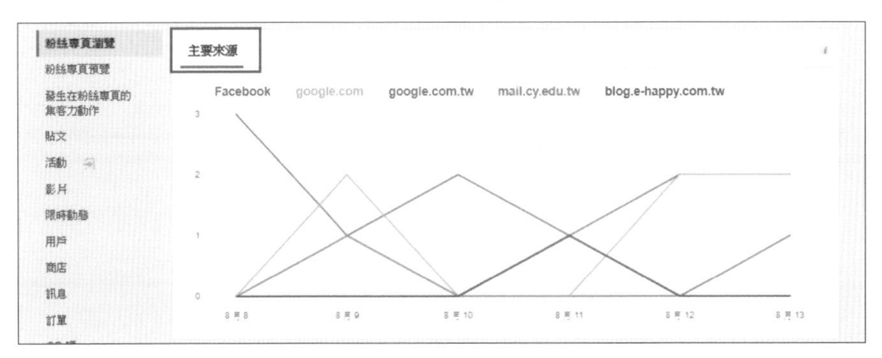

QUESTION 136

檢視洞察報告：「貼文」數據

貼文是粉絲專頁中最主要的內容，對於貼文進行分析，可以得知哪一類的貼文較容易獲得粉絲的喜歡，也能得知貼文藉由廣告推廣的效果等資訊。

01 請先進入粉絲專頁，點選畫面左上方的 **洞察報告** 頁籤，即可進入檢視。

02 請點選左方的 **貼文** 選項，再選按第一個 **粉絲上線時間** 頁籤，可以看見最近一週內粉絲們在上網時，瀏覽您專頁的各時段人數，而下方是最近貼文的資料，包含：**發佈時間**、**貼文**、**類型**、**分享對象**、**觸及人數**、**參與互動**、**推廣** 等相關數據。

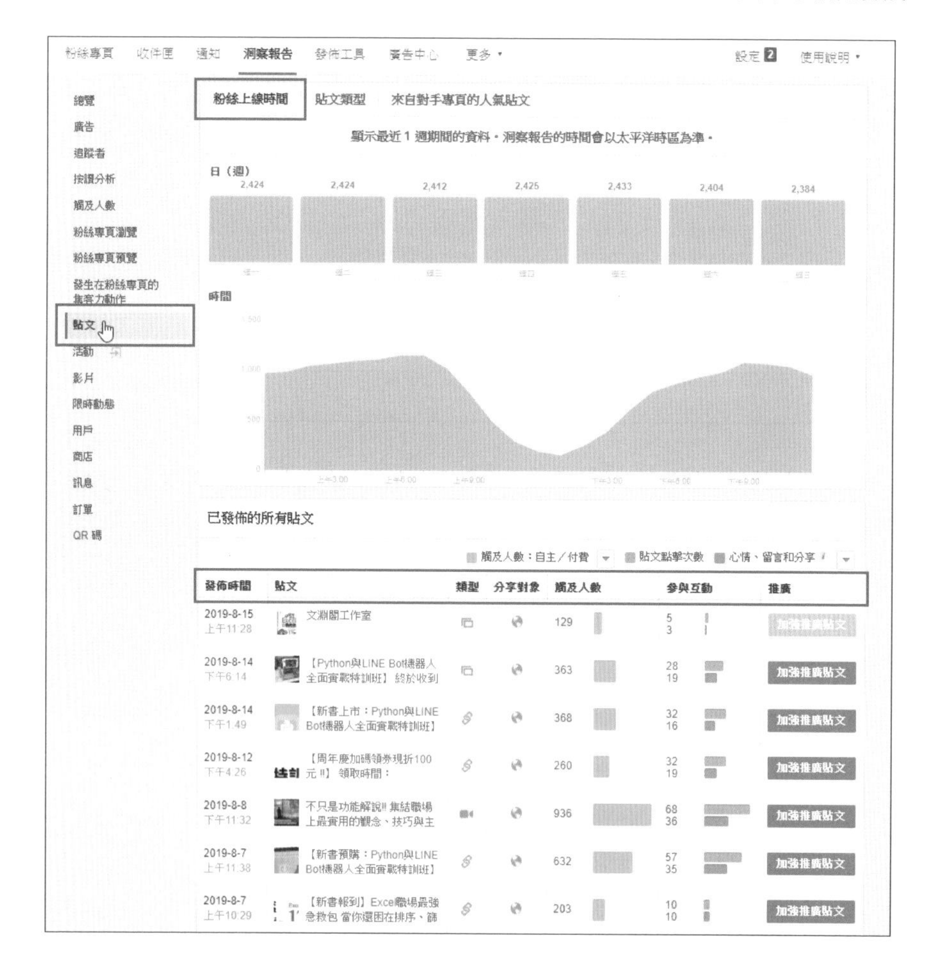

03 選按第二個 **貼文類型** 頁籤，就會顯示依據不同的貼文內容（近況更新、相片、影片、連結），以及平均觸及人數和互動情況，包含：**觸及人數**、**貼文點擊次數**、**互動情形** 等相關數據（顯示項目會依據專頁的實際使用狀況而不同），而下方仍是最近的貼文資料。

粉絲專頁 收件匣 通知 洞察報告 發佈工具 廣告中心 更多 ▾ 設定 2 使用說明 ▾

總覽
廣告
追蹤者
按讚分析
觸及人數
粉絲專頁瀏覽
粉絲專頁預覽
發生在粉絲專頁的集客力動作
貼文
活動
影片
限時動態
用戶
商店
訊息
訂單
QR 碼

粉絲上線時間 貼文類型 來自對手專頁的人氣貼文

根據平均觸及人數和互動情況，不同貼文類型的成效。

顯示所有貼文 ▾ 觸及人數 貼文點擊次數 互動情形

類型	平均觸及人數	平均參與互動次數
影片	647	42 23
相片	501	31 17
連結	419	25 18

已發佈的所有貼文

觸及人數：自主／付費 ▾ 貼文點擊次數 心情、留言和分享 ▾

發佈時間	貼文	類型	分享對象	觸及人數	參與互動	推廣
2019-8-15 上午11:28	文淵閣工作室			122	4 2	加強推廣貼文

04 最後，再選按第三個 **來自對手專頁的人氣貼文** 頁籤，這裡可以自行選擇您想要關心的其他專頁資訊數據，也可以將其他專頁一起加入來共同管理（預設只會顯示五個專頁資料），而下方仍是最近的貼文資料。

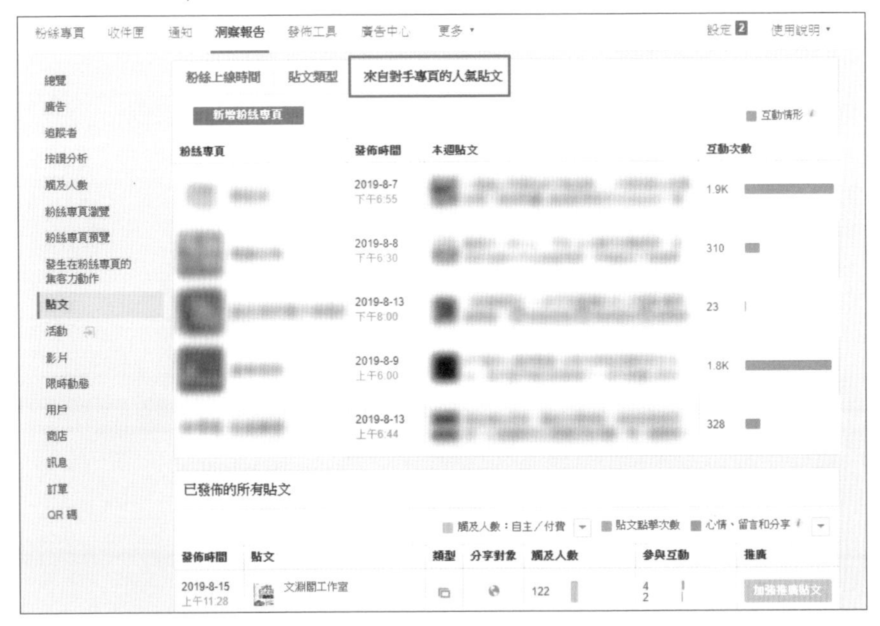

QUESTION 137

檢視洞察報告：「用戶」數據

對粉絲專頁的用戶進行分析，有助於了解粉絲在不同性別、年齡、國別 ... 等在粉絲專頁上的活動狀況。

01 請先進入粉絲專頁，點選畫面左上方的 **洞察報告** 頁籤，即可進入檢視。

02 請點選上方的 **用戶** 選項，選按 **你的粉絲** 及 **你的追蹤者** 頁籤，可以看見對您的專頁説讚的粉絲成員與追蹤者狀況分佈圖，包含:**年齡層**、**性別**、**國家 / 地區**、**城市**、**語言** 等相關數據。

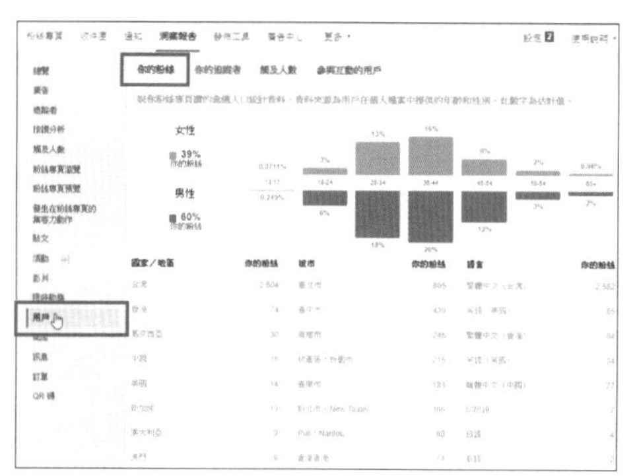

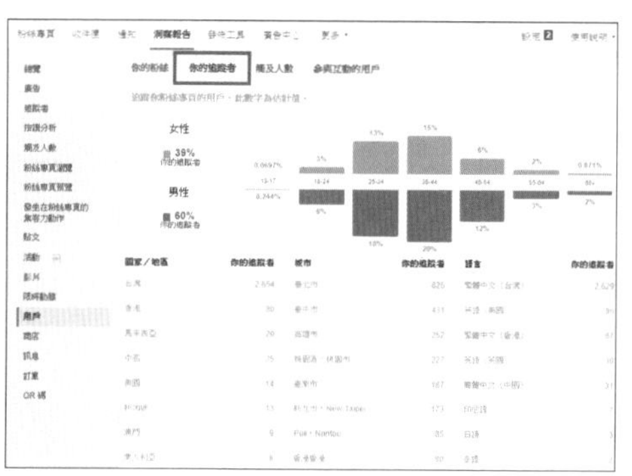

03 選按第三個 **觸及人數** 頁籤，可以看見最近您的貼文所觸及的粉絲成員狀況分佈圖，包含：**年齡層**、**性別**、**國家 / 地區**、**城市**、**語言** 等相關數據。

04 選按第四個 **參與互動的用戶** 頁籤，可以看見最近曾對您貼文產生互動 (按讚、留言、分享) 的粉絲成員狀況分佈圖，包含：**年齡層**、**性別**、**國家 / 地區**、**城市**、**語言** 等相關數據。

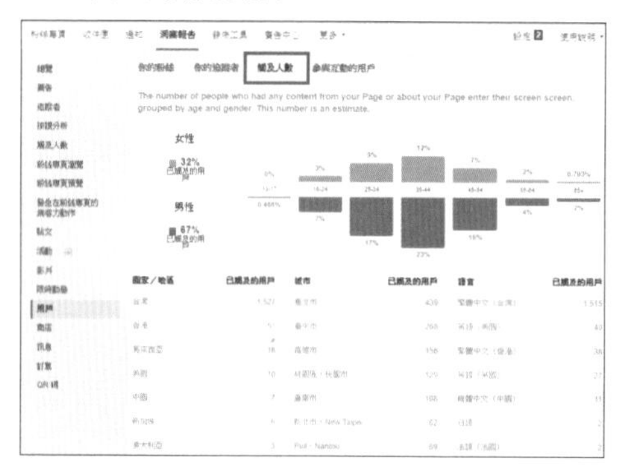

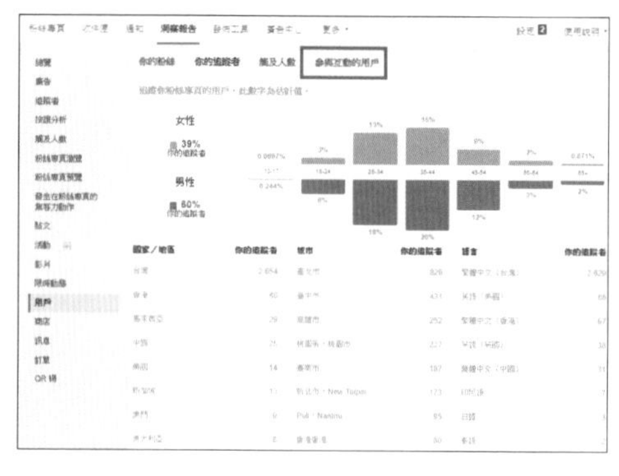

即刻撩粉
經營粉絲專頁的不敗心法

QUESTION 138

經營粉絲專頁的 5 個基本態度

粉絲專頁代表企業在網路上的另外一個窗口，如果還沒有建立自家官方網站或是使用企業部落格，那這就是唯一的網路平台了，當然要視為珍寶、細心呵護。

目前全球註冊使用 Facebook 的人數已經超過 25 億，每月活躍用戶超過了 24 億 (MAU)，而每日活躍用戶也超過 15 億 (DAU)，如果自家企業可以成功地在這個社群平台上進行網路曝光或是推廣行銷，效果將是非常驚人的，這也是本章的重點！

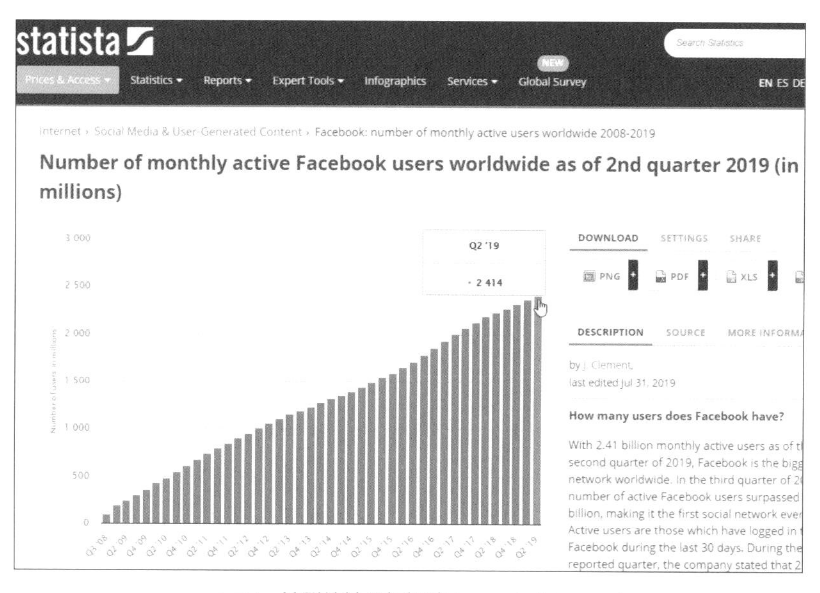

▲ statista **社群統計分析網站** (www.statista.com)

多多分享技術新知不藏私

很多企業銷售的是技術與祕訣，所以對於自家武功當然是絕對保密。如果一個企業的粉絲專頁一直告訴訪客，他們的產品技術很棒，比同業好很多，幾則貼文看下來應該就會覺得索然無味、呵欠連連。

不妨適度透露一點無傷大雅的企業技法，或是提供一些目前業界認同的新知識或是即將採用的新科技，並且透過類似教學或是專題的模式介紹，甚至變成一篇開箱貼文，讓訪客在閱讀後有所收穫，日後還會想再來粉絲專頁瀏覽資訊，進而產生認同地按讚或是購買商品。

▲ 文淵閣程式特訓班粉絲專頁常針對讀者反映的問題進行回覆或整理成教材

切忌言不及義或隨意轉貼

目前是「內容為王」的時代，即使是一篇小小的貼文，也應該謹慎檢視內容，因為這代表了自家企業的做事態度，所以內容切忌圖文不符，這樣容易讓認真的訪客在看完文章之後產生反感。

也正所謂「水能載舟、亦能覆舟」，如果想要在粉絲專頁上分享文章或是資訊，就應該由企業自行撰寫，如果要轉貼別人精采文章，應該先取得對方同意授權，而且轉貼的資料內容也須符合企業精神，不要用網路笑話或是逗趣貼圖來譁眾取寵，更要避免掛羊頭賣狗肉的不實宣傳。

千萬別急著想要推銷商品

如果自己逛街時遇到熱情店家一直推銷產品，滔滔不絕地積極拉攏，只會讓人想調頭離開。

經營粉絲專頁請不要總是滿載著自家商品廣告 (不管照片拍得多好看)，或是充斥著文宣海報 (無論 DM 做得有多精美)，因為人類的記憶負荷是有限的，吸收過多的商品資訊將會是疲勞轟炸，而且容易讓人以為該店家是喜歡張貼炫耀文或是有嚴重的自戀情節，加上強迫推銷在這個強調自我作主的社群平台上並不受歡迎，所以即使商品再好再優惠，也千萬不要急著想要推銷商品，應該先規劃好自家的行銷策略，並且注重訪客需求與互動，畢竟大家不是想來看廣告傳單的！

儘量回覆留言與耐心傾聽

很多人會在粉絲專頁上留言詢問商品或是相關問題，甚至把這個管道當成客服園地。建議無論他們是陌生訪客或是消費過的客戶，都應該以面對老客戶的心態來服務。如果回應提問的時間越快、內容越詳細，也更容易博得對方好感與信任，而在這個普遍欠缺互信與互助的網路環境，還可以累積社群平台上的正評積分，即使這次沒有交易，下次肯定會優先想到你。

很多時候，消費者在某些程度上就是企業的經營顧問（差別是他們竟然會付費購物還不支領顧問費），客戶常常反映的問題也往往正是企業的盲點，建議要有耐心地傾聽他們的建議或是抱怨，除了可以少一個敵人多一個忠實粉絲，還可以幫企業整理出需要改進的要點，實是一舉數得！

當然，回應所有留言是很花時間與精力的，先挑重要的緊急的回覆，而且如果遇到不理智的批評，更需要極大的 EQ 去化解，千萬不要掀起網路筆戰，這可是親痛仇快呀！

節慶或季節性的關懷問候

雖然 Facebook 採取實名制，能夠讓大家知道彼此或是長相，可是網路世界仍稍欠情感溫度而讓人感覺冰冷。建議大家在經營粉絲專頁的時候，不妨依據目前節慶假日、季節天氣、時事話題，應景地張貼文章；在地震日還是颱風天時記得在粉絲專頁上送出關懷問候，保證可以讓訪客感受到充滿溫度的關懷，趁機收買人心。

QUESTION 139

免費推廣粉絲專頁的 14 招行銷密技

大家都想衝高自家粉絲專頁的「按讚」人數、曝光程度或是訪客流量，因為這是一個很直接的數據，甚至比官網上面的訪客人數還重要且具公信力。因為可以操作的方式很多，以下就整理了幾個幫粉絲專頁提高人氣的方法：

貼文時間與頻率的掌控

因為粉絲專頁主要是靠貼文來引起話題與訪客關注，並且希望藉此可以達到互動，所以貼文的時間要儘量符合一般大眾的生活作息。

假如你習慣在凌晨才會文思泉湧，興致沖沖地貼文之後，可能換來粉絲被推播訊息聲吵醒的怒吼，或是被淹沒在其他眾多的凌晨貼文下面而根本沒人看到。因此，請選擇大家都願意撥空的時間來貼文，粉絲才有機會可以氣定神閒地看你的文章。例如：上班後開始吃早餐的時候、午餐空檔的上網時間、上下班的通勤時間，或是入睡前後的時間，這些都是不錯的選擇。另外，假日通常是外出遊玩的時候，雖然目前大家用智慧型手機上網的情形很普遍，不過除了有特定活動必須貼文以外，建議收假前一晚再貼文會比較好，此時大家已經回到家中準備明日的工作，可以專心看你想說什麼了。

另外，貼文的頻率也很重要，Facebook 官網是建議至少每天貼文一次，如果不能常常貼文，也儘量做到固定時間貼文，培養固定粉絲。當然，每個粉絲專頁都有獨特的分享對象，因此更新次數也會有所不同，總之不要三天曬網、一天打漁，也容易消耗了粉絲的熱情關注。

封面與大頭貼照片要吸睛

所謂「好的開始是成功的一半」，請善用封面照片與大頭貼照片，因為他們佔據了整個粉絲專頁的黃金版面，所以這是訪客留下的第一眼印象。

很多企業會利用封面照片與大頭貼照片的相互呼應來吸引訪客，或是讓這兩個圖片裡面包含了很多概念與意象，讓粉絲專頁的形象與文化深植人心。

▲ 善用大頭貼及封面照片可以加深粉絲的印象，目前已經支援動畫或影片格式！

多舉辦活動與粉絲們互動

如果粉絲專頁的管理者只會一股腦兒地貼文發言，那可能會陷入自我欣賞的窘境！既然 Facebook 提供了回覆留言的功能，相信一定會有粉絲提問，就要盡快進行回應，才是良性的社群互動，也可以主動與粉絲打個招呼，拉近彼此距離。

除了回應留言，還可以舉辦活動來活絡粉絲專頁的氣氛，甚至來個線上派對、投票活動、抽獎摸彩或是限時優惠，這些都是很好的互動方式唷。

▲ 台灣麥當勞舉辦的免費聽故事活動

▲ 埔里鎮立圖書館的好書交換活動

貼文要優質字數少並切題

雖然 Facebook 的單篇貼文數字大約可以容納 63,206 字，不過如果貼文內容都是文字，相信會很讓人煎熬，尤其 Facebook 顯示的字體本來就不是很大，再加上長篇大論的閱讀壓迫，只能換得一個「更多...」文字連結，想看完內容還要按一下，然後再次呈現長串文字，這可是會把粉絲給嚇跑的！所以，建議每次貼文不要超過三行。另外，文字內容也要儘量切合粉絲專頁的屬性，發表主題要言之有物，不要故弄玄虛地兜著圈子不講正題，而離題、偏題也不是好事，該說什麼就請直接表達，粉絲的時間也是很寶貴的（說不定一分鐘就是幾十萬上下呢）。

常用多媒體素材表達情境

貼文的最高境界就是「有圖有真相」、「有影有感覺」。如果貼文可以搭配合適的照片，藉著看圖說故事就能明白大意，甚至有些可愛的萌照與逗趣照片，會讓人拍案叫絕地想要趕快轉貼做分享，這就達到很好的訊息傳遞效果。目前多媒體當道，Facebook 也支援許多串流技術，因此還可以「寫而優則演」，直接放上聲音檔或是影片檔做貼文，更可以吸引粉絲聚精會神地看下去，還且根據圖像式記憶的理論，容易過目不忘喔。

▲ 樂高 Tommy 湯米的玩偶小劇場很有寓意

▲ 微疼透過逗趣插畫把人生負能量都翻轉

名人加持或是深度採訪

自家商店如果可以邀請到名人親自試用、蒞臨參觀，或是電視節目來進行專訪，都是對企業的一種肯定與背書，當然要趕緊貼到自家粉絲專頁，增加訪客的信任感。

▲ 名人加持或是深度採訪可以為粉絲專頁帶來流量

提供價值或富含教育意義

很多粉絲專頁提供大量的知識新聞，或是專業資訊分享，方便特定族群的粉絲可以定期吸收新知，這樣高附加價值的辛苦付出，粉絲人數的增加就是對站長最好的回饋。

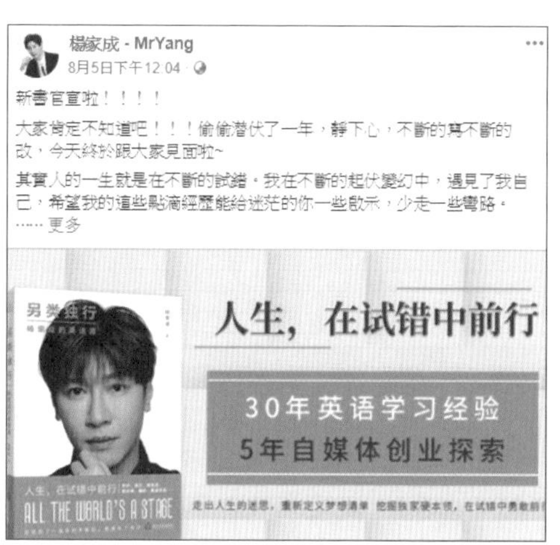

▲ 理科太太善用科學印證事理吸引大量粉絲

▲ 楊家成 - MrYang 的情境式短片英語教學

加點人文氣息少點商業性

雖然粉絲專頁就是 Facebook 為了企業公司進行商業行為而設立，但老是宣傳自家商品好像太市儈了，難道粉絲專頁都這麼沒有人文素養嗎？

其實，大家不妨在粉絲專頁張貼在店裡發生過的故事花絮、點滴側寫，或是一些顧客開心的笑容照片、滿意的感謝文章，不僅讓訪客可以感受到濃濃的「人情味」，還能想像以後當自己來這邊消費時也能獲得相同的滿足感，這更是金錢也買不到的期待呀！

▲ 搖滾飛雪手工爆米花粉絲專頁贊助愛心義賣　▲ 中國信託慈善基金會粉絲專頁的企業社會責任活動

商品真實融入的存在感

在宣傳圖片加入自家商品可以加深印象，但不要隨意亂入，商品融入圖片效果強弱依序是：**他人正在使用您自家產品的圖片** > **單獨放上產品圖片** > **使用自家商標圖**。

▲ 粉絲專頁可以用不同方式將商品融入的宣傳圖片

發文可多用第一人稱

許多粉絲專頁的管理者，往往為了發文的第一句話就會卡關半天，確實是「萬事起頭難」呀。除了首句發言容易遇到障礙之外，如果開場使用直述句的方式進行，萬一內容簡短平淡，這樣一講完好像就沒事了，會讓話題沒有延續性，將無法引起共鳴。

Facebook 官網建議粉絲專頁的管理者應該多使用第一人稱的方式來做發言（通常是說：我、我們、小編我），對於粉絲們可以第二人稱（例如：你、你們、您、您們），這樣能讓人感覺更貼近，就好像是跟粉絲直接對話般，把粉絲當朋友。

▲ 粉絲專頁以親近的稱呼與生動的故事內容與粉絲互動

加入召喚式的小提醒

隨文加上召喚式的小提醒，就像網拍邀評，請粉絲認同的話可以分享、按讚或留言（雖然 Facebook 官方曾有意降低此類做法的貼文能見度）。另外，貼文內容可以多使用 **# 主題標籤**、**Emoji 表情符號**、以及 **短網址**，增加文章易讀性、活潑度並減少文字量。

▲ 在粉絲專頁中的貼文裡面善用召喚式的行動提示

加強互動的問答與抽獎

Facebook 官網建議可以多用互動式的問句來做開場，因為提問比較容易引起粉絲們的思考與好奇，也不妨設計一個通關密語的限時回覆留言，甚至還可以額外透過一個小小的投票或是搶答活動讓粉絲參與，答對的人可以獲得一些專屬優惠與小禮物，這樣高度的即時互動，保證可以讓粉絲專頁的熱度飆升。

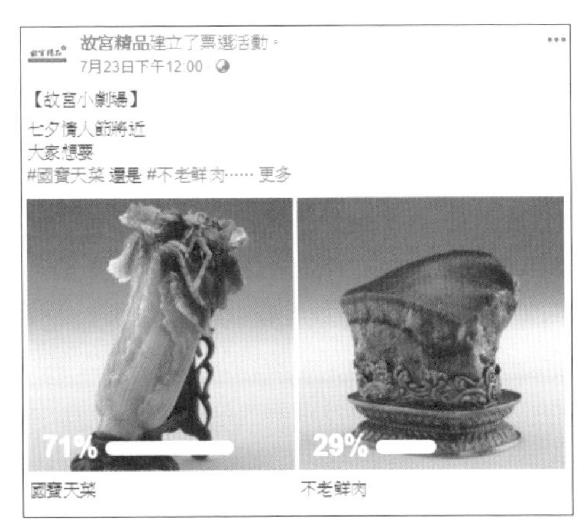

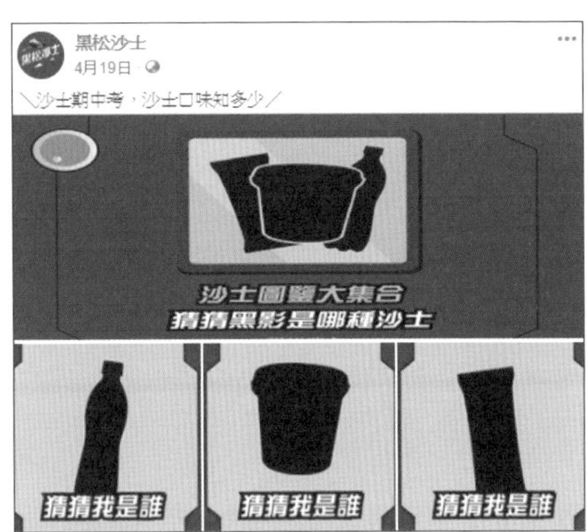

▲ 粉絲專頁可以常常透過活動來進行票選活動或是抽獎來與粉絲互動

訊息不漏接的接收通知

因為 Facebook 不希望個人的動態消息，被按讚過的粉絲專頁所發佈的貼文洗版，所以還需要粉絲對按讚過的專頁勾選「追蹤」裡面的「搶先看」與接收「通知」，或是「儲存」功能，才能即時地收到該專頁的最新動態，因此記得叮嚀粉絲們要勾選上述選項！

▲ 粉絲專頁不定時會貼出示範教學與喊話呼籲，提醒粉絲們接收通知與儲存專頁

從官網或部落格轉貼文章

因為 Facebook 粉絲專頁的貼文會依時間序由新至舊往下排列，如果沒有及時被按讚或是分享，很容易被淹沒於動態時報裡面。有些不錯的發文也因為被壓在粉絲專頁的底部，不利粉絲們進行搜尋 (畢竟拼命捲動頁面很累)。

建議可以先將想要發表的文章張貼在自家企業官網或是部落格，再另外轉貼到自家的粉絲專頁，雖然看起來多了一道程序，可是官網或是部落格都有方便的搜尋工具與文章分類機制，如果粉絲們到自家的粉絲專頁找不到想看的發文，還可以到官網或是部落格去找，因此不用擔心粉絲們或是文章的流失。

而且同一文兩發，不僅同時嘉惠兩邊的瀏覽者，提高文章的閱讀率，也能讓以前只會看部落格的訪客來粉絲專頁按讚 (記得先在官網或是部落格安裝 Facebook 按讚鈕的同步程式)，協助該則貼文重回排頭的位置；或是讓以前只會關注粉絲專頁的人來部落格逛逛，達到雙重行銷。

▲ 勘履者 KENLU 粉絲專頁會先將文章貼在官網 (圖左)，然後再轉貼該文網址到粉絲專頁 (圖右)。

要 注 意

跨界混搭的免費廣告行銷密技

剛剛介紹了很多可以在粉絲專頁使用的免費廣告行銷手法，以後即使貼文時一下子毫無頭緒或是語塞詞窮，相信只要參考其中一兩項做法就可以獲得靈感，而且不要乖乖地依樣畫葫蘆，可以同時混和兩三種技法使用，更能發揮加乘的行銷威力。

小美人魚戳了你一下！

QUESTION 140

經營粉絲專頁的「搶讚」迷思

剛剛介紹過不少免費的行銷技法，可以增加自家粉絲專頁的貼文「按讚」人數並快速圈粉！不過在追逐數字的過程裡還是有些迷思要注意，以免淪落成「叫好不叫座」、「萬人按讚一人到場」的窘境。如果可以同時獲得很多的「讚」、「留言」與「分享」人數，這固然很好，若不能三者兼得，建議儘量讓貼文內容被「分享」，原因如下：

- **「按讚」數字的迷思：**現在很多人對於「按讚」的態度，從初期的滿腔熱血，到後來變得意興闌珊，甚至可說是麻木不仁。可是看到親友貼文又不好意思不捧場，而且除了讚又不能按別的，所以有人取笑說，很多時候「按讚」的意思等於週記本上的「閱」(表示我看過了)。所以，擁有高的「按讚」數字並不代表提高了轉換率與關鍵績效指標 (KPI)，更不代表會轉換成購買商品率。

- **互動加權分數比一比：**Facebook 決定哪則粉絲專頁的貼文能排在 **動態消息** 的頂端，主要依據 **邊際排名 (EdgeRank)** 的分數高低，而這個排名公式包含三個要素：**親近度 (Affinity)**、**權重 (Weight)**、**時間衰變 (Time Decay)**。而且據說該分數比重是「讚」:「留言」:「分享」為「1」:「4」:「12」，所以大家要想辦法增加的應該是貼文的「分享」人數。另外，Facebook 還增加 **排名 (Graph Rank)** 指標，多了 **交流** 要素，就是希望鼓勵粉絲專頁貼文應該要引起共鳴，創造互動與分享討論，才容易得高分，搶到曝光在粉絲們的 Facebook 頂端位置。

▲ 大家看看上述同一個粉絲專頁的兩則貼文，到底哪一則排名總分數會較好呢？答案可能是右邊的貼文喔！因為左圖「分享」數字太低，只靠「讚」是不夠的；而右圖「分享」數字高，可大幅倍增整體成績。

MEMO

超人氣Facebook粉絲專頁行銷加油讚(第五版)--解鎖社群行銷困局+突破粉絲經營盲點=變身最神小編難波萬！

作　　者：鄧文淵　總監製 / 文淵閣工作室　編著
企劃編輯：王建賀
文字編輯：江雅鈴
設計裝幀：張寶莉
發 行 人：廖文良

發 行 所：碁峰資訊股份有限公司
地　　址：台北市南港區三重路 66 號 7 樓之 6
電　　話：(02)2788-2408
傳　　真：(02)8192-4433
網　　站：www.gotop.com.tw
書　　號：ACV040100
版　　次：2019 年 09 月五版
　　　　　2020 年 07 月五版三刷
建議售價：NT$360

國家圖書館出版品預行編目資料

超人氣 Facebook 粉絲專頁行銷加油讚：解鎖社群行銷困局+突破粉絲經營盲點=變身最神小編難波萬！/ 文淵閣工作室編著. -- 五版. -- 臺北市：碁峰資訊, 2019.09
面；　公分
ISBN 978-986-502-288-4(平裝)
1.網路社群　2.網頁設計　3.網路行銷
312.1695　　108015788

讀者服務

- 感謝您購買碁峰圖書，如果您對本書的內容或表達上有不清楚的地方或其他建議，請至碁峰網站：「聯絡我們」\「圖書問題」留下您所購買之書籍及問題。（請註明購買書籍之書號及書名，以及問題頁數，以便能儘快為您處理）
http://www.gotop.com.tw

- 售後服務僅限書籍本身內容，若是軟、硬體問題，請您直接與軟體廠商聯絡。

- 若於購買書籍後發現有破損、缺頁、裝訂錯誤之問題，請直接將書寄回更換，並註明您的姓名、連絡電話及地址，將有專人與您連絡補寄商品。